依食材分類　醣類含量表

可以一目瞭然地看出食材的醣類含量高低。
將頁面剪下，不但可在家使用，連外出選購食品都會很有幫助。
（　）內表示食材（可食用）的份量。

肉　🍖 紅字是約100g的醣類含量

 維也納香腸（1根15g）
3.0g

 豬肝
2.5g

 罐頭午餐肉（1罐340g）
2.0g

 里脊火腿片（1片15g）
1.3g

 雞肝
0.6g

 牛腿肉
0.4g

 沙朗牛肉
0.4g

 腓力牛肉
0.3g

 牛絞肉
0.3g

 培根（1片18g）
0.3g

 羔羊肉
0.2g

 豬腿肉
0.2g

 豬里脊肉
0.2g

 牛肩里脊肉
0.1g

 豬五花肉
0.1g

 雞胸肉
0.1g

 豬絞肉
0.1g

 雞腿肉
0g

 雞翅
0g

 雞腿翅
0g

 雞里脊
0g

 雞胗
0g

 雞絞肉
0g

 生火腿（1片6g）
0g

海鮮　🍖 紅字是

 鱈寶（　）
11.4g

 魚板（1片200g）
9.7g

 蟹肉棒魚板（1根10g）
9.2g

 牡蠣（1個15g）
4.7g

 蜆
4.5g

 帆立貝（1個30g）
3.5g

 柳葉魚（1條20g）
0.5g

 蛤蜊
0.4g

 鱈魚卵（1條70g）
0.4g

 蝦（1條25g）
0.3g

鮭魚（1片100g）
0.3g

 鯖魚（1片80g）
0.3g

 鰤魚（1片100g）
0.3g

 沙丁魚（1條70g）
0.2g

 水煮鯖魚（1罐180g）
0.2g

 乾燥魩仔魚
0.2g

 鰹魚
0.2g

 鮪魚
0.1g

 花枝（1隻200g）
0.1g

 鮪魚（1罐70g）
0.1g

 竹筴魚（1條80g）
0.1g

 秋刀魚（1條100g）
0.1g

 旗魚（1片125g）
0.1g

章魚
0.1g

 鱈魚（1片100g）
0.1g

 真鯛（1片100g）
0.1g

 比目魚（1片100g）
0g

乳製品・大豆製品・蛋

🔴 紅字是約100g的醣類含量

 水煮鷹嘴豆
15.8g

 低脂牛奶
5.5g

 納豆（1盒50g）
5.4g

 原味優格
4.9g

 牛奶
4.8g

 莫札瑞拉起司
4.2g

 鮮奶油
3.1g

 無調整豆漿
2.9g

 披薩用起司
2.5g

 豆渣（新鮮）
2.3g

 奶油起司
2.3g

 絹豆腐（1塊300g）
1.7g

 凍豆腐（1塊300g）
1.7g

 加工起司
1.3g

 木綿豆腐（1塊300g）
1.2g

 水煮大豆
0.9g

 卡門貝爾起司
0.9g

 雞蛋（1個50g）
0.3g

 厚片油豆腐（1塊200g）
0.2g

 油豆腐（1塊20g）
0g

 奶油
0g

碳水化合物

🔴 紅字是相當於一餐的醣類含量。只有粉類是以約1大匙的醣類含量標示

 細麵（乾麵）100g
70.2g

 中華麵（新鮮）120g
64.3g

 義大利麵（乾麵）80g
57.0g

 白飯1碗（150g）
55.2g

 玄米飯1碗（150g）
51.3g

 日本蕎麥麵（乾麵）80g
50.4g

 粉絲（乾燥）50g
41.7g

 烏龍麵（汆燙）180g
37.4g

 吐司8片切厚度的1片
22.2g

 法國麵包2片（16g）
8.8g

 太白粉
7.3g

 低筋麵粉
6.6g

 麵包粉
1.8g

 黃豆粉
0.8g

薯類・菇類・海藻・蒟蒻

🔴 紅字是約100g的醣類含量

 甘薯（1條250g）
30.3g

 馬鈴薯（1個150g）
16.3g

 山藥（5cm100g）
12.9g

 芋頭（1個70g）
10.8g

 金針菇（1袋100g）
3.7g

 杏鮑菇（1袋100g）
2.6g

滑菇（1袋100g）
1.9g

 香菇（1個20g）
1.5g

 鴻禧菇（1袋100g）
1.3g

 舞菇（1袋100g）
0.9g

 蘑菇（1個10g）
0.2g

 蒟蒻（1片200g）
0.1g

 蒟蒻絲（1小袋100g）
0.1g

 昆布（乾燥）
34.4g

 海帶芽（乾燥）
8.6g

 烤海苔（1片3g）
8.3g

 羊栖菜（乾燥）
6.6g

 海帶芽莖（1盒50g）
0g

 水雲藻（1盒50g）
0g

寒天條
0g

蔬菜

 紅字是約100g的醣類含量

 南瓜（1/4個300g）
17.1g

 玉米（1根200g）
13.8g

 蓮藕（1/2節125g）
13.5g

 牛蒡（1根200g）
9.7g

 青豆
7.6g

 甜豆（1根10g）
7.4g

 洋蔥（1個200g）
7.2g

 紅蘿蔔（1根150g）
6.5g

 蔥（1根100g）
5.8g

 小番茄（1個10g）
5.8g

 甜椒（1個100g）
5.6g

 毛豆
3.8g

番茄（1個150g）
3.7g

 高麗菜（2～3片100g）
3.4g

 蕪菁（1個100g）
3.1g

 茄子（1個80g）
2.9g

青椒（1個40g）
2.8g

 蘿蔔（1/5根200g）
2.7g

 四季豆（12～13根100g）
2.7g

 白花椰（1株100g）
2.3g

 水煮竹筍
2.2g

 綠蘆筍（1根20g）
2.1g

 芹菜（1根100g）
2.1g

白菜（1/4顆500g）
1.9g

小黃瓜（1根100g）
1.9g

水菜（1把200g）
1.8g

 萵苣（1個300g）
1.7g

 秋葵（1根10g）
1.6g

 櫛瓜（1小根100g）
1.5g

 蘿蔔嬰（1盒40g）
1.4g

 苦瓜（1根200g）
1.3g

 韭菜（1把100g）
1.3g

 豆芽菜（1袋200g）
1.3g

 綠花椰（1株250g）
0.8g

 青江菜（1株150g）
0.8g

 豆苗（1袋100g）
0.7g

 春菊（1把180g）
0.7g

 小松菜（1把200g）
0.5g

 菠菜（1把200g）
0.3g

水果‧種籽

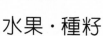 紅字是約100g的醣類含量

 香蕉（1根100g）
21.4g

 葡萄（1串200g）
15.2g

 蘋果（1個200g）
14.1g

 奇異果（1個100g）
11.0g

 橘子（1個100g）
11.0g

 哈密瓜（1/8片90g）
9.8g

 西瓜（1片150g）
9.2g

 葡萄柚（1個240g）
9.0g

 桃子（1個170g）
8.9g

 檸檬（1個120g）
7.6g

 草莓（5個100g）
7.1g

 酪梨（1個140g）
0.9g

 腰果
20.0g

 花生
12.4g

 杏仁果
9.7g

核桃
4.2g

調味料・油

🥄 紅字是約1大匙的醣類含量

 蜂蜜
16.7g

 楓糖漿
13.9g

 砂糖（上白糖）
8.9g

 本味醂
7.8g

 烤肉醬
5.9g

 白味噌
5.8g

 中濃醬汁
5.4g

 伍斯特醬
4.7g

 胡椒（黑）
4.0g

 番茄醬
3.8g

 蠔油
3.3g

 雞高湯素
3.3g

 清高湯素
3.3g

 味噌
3.1g

 日式無油醬汁
2.4g

 醬油
1.8g

 咖哩粉
1.6g

 酸橙醋醬油
1.4g

柴魚風味醬油（原汁）
1.3g

 番茄泥
1.2g

 米醋
1.1g

 日式高湯素（乾燥）
0.9g

 芥末籽醬
0.8g

 炒芝麻
0.7g

 魚露
0.5g

 美乃滋
0.5g

 鹽
0g

 芝麻油
0g

 橄欖油
0g

 沙拉油
0g

飲料

🥤 紅字是約1杯的醣類含量

 柳橙汁（100%）（1杯200ml）
21.0g

 咖啡拿鐵（加糖）（1杯200ml）
16.4g

 日本酒（1合180ml）
8.8g

 啤酒（1杯200ml）
6.2g

 葡萄酒（1杯80ml）
1.6g（白）、**1.2**g（紅）

 咖啡（1杯100ml）
0.7g

 麥茶（1杯200ml）
0.6g

 日本茶（1杯100ml）
0.2g

 烏龍茶（1杯200ml）
0.2g

 紅茶（1杯200ml）
0.1g

 燒酒（1合180ml）
0g

 威士忌（1杯30ml）
0g

便利商店・外食

牛丼		**96.8**g
親子丼		**96.1**g
飯糰（鹽味）1個	100g	**39**g
煎餃 6個	150g	**35.7**g
焗烤蝦	200g	**24**g
可樂餅 1個	100g	**23.4**g
馬鈴薯燉肉	150g	**17.9**g
咖哩豬排	200g	**13.6**g
白醬雞肉	200g	**13.4**g
筑前煮	150g	**12.3**g
玉米奶油濃湯	150g	**11.9**g
糖醋豬肉	150g	**10.2**g
漢堡肉	200g	**9**g
炸蝦 2條	40g	**7.8**g
麻婆豆腐	120g	**4.1**g
金平牛蒡	30g	**2.5**g
豬肉湯	150g	**2.3**g
芝麻涼拌四季豆	30g	**2**g
炒煮羊栖菜	30g	**1.9**g

立即享瘦

減醣‧瘦身

家常菜 200 道

市瀬悦子

出版菊文化

CONTENTS

【本書的規則】

各食譜中所記載是1人份的醣類含量。此外，醣類含量是根據日本食品標準成分表2015年版（七訂）為基礎計算。

◎食譜中的用量，1杯是200ml、1大匙是15ml、1小匙是5ml。

◎微波爐的瓦數是600W。因廠商機種的不同，加熱狀況也會有所差異，因此加熱時間，請當作參考值，邊視實際狀況邊進行調整。

◎材料中標示「A」、「B」者，請預先混合備用。有助享調時順利進行，也能避免在「拌炒」、「烘烤」、「享煮」的時間過長。

◎「豆腐」在瀝乾水分時，請用廚房紙巾包覆，上壓與豆腐等量的重石，放置約15分鐘左右。

編註

※本書中的減醣為每天攝取120ｇ以下的醣類，生酮則為每天攝取80ｇ以下的醣類，依個人健康情況與目標，選擇適合的菜餚組合。

※薑1小塊的大小約與大蒜1瓣相近。

※「西式高湯粉」為西式的綜合高湯粉（包含肉與蔬菜風味）。

※柴魚風味醬油めんつゆ（3倍濃縮）可用醬油加上柴魚風味享大師調出來。

所謂的「減醣」是什麼？！

顛覆目前為止的常識，完全不用擔心卡路里的「減醣飲食」。

每天吃飽飽、又能確實瘦身，引人矚目的方法。

監製／飲食生活諮詢管理營養師淺野まみこ老師

每天攝取 **120g** 以下的醣類

不必忍耐的減糖飲食

減重失敗，對於「飲食限制＝痛苦」的人而言，更希望大家能試試減醣的方法！

與減少油脂和蛋白質，限制卡路里攝取的飲食不同，可以享受美味、劃時代的減重方法，多下點工夫就能與平時一樣地飲食，進而獲得滿足感。唯一，碳水化合物等醣類含量多的食材，必須減少攝取量，但肉類、海鮮類、雞蛋、起司等低醣食材，即使大量攝取也沒有關係！不太會有空腹感或感到壓力，所以能自然地納入日常生活中來進行。

也許嚴格的飲食限制可以在短時間得到效果，但卻容易造成營養不均衡及身體的不適，同時也會很難持續進行。只要一旦回復正常飲食時，很多人就立即復胖不是嗎？

究竟何為醣類？？

所謂的醣類，就是將碳水化合物導向食物纖維的物質。與「脂質」、「蛋白質」並列，「醣類」是身體不可或缺的三大營養素之一。作為驅動腦和肌肉動作的熱量來源，是很重要的存在，只是一旦攝取過多，就會形成體脂肪而堆積，成為肥胖的原因。減醣，是適度攝取醣類的飲食，有效率地燃燒熱量，使身體不會蓄積脂肪。

$$碳水化合物 - 食物纖維 = 醣類$$

選購食品時，要確認 "碳水化合物"！

＜營養成分標示＞ 每100g	
熱量	136kcal
蛋白質	6.8g
脂質	0.8g
碳水化合物	**10.2g**
鈉	85mg
鈣	227mg

醣類，除了使用砂糖的糕點之外，也大量存在於我們飲食中不可欠缺的米飯、麵包、麵類等主食當中。除了食物纖維較多的食材（蔬菜或海藻等）之外，可以想成醣類與碳水化合物的數值幾乎相等。購買食材時，記得確認營養成分表當中標示的碳水化合物含量。

炸物、牛排、
重口味的菜餚
即使大量食用也OK！

減醣對瘦身有效！理由為何？

在飲食中攝取的醣類會在體內轉化成葡萄糖，「血液中的葡萄糖濃度＝血糖值」會急速升高。為降低血糖，會分泌被稱為「肥胖荷爾蒙」的「胰島素」，但胰島素將醣類轉化成熱量的同時，也具有將多餘的醣類轉化成脂肪蓄積在體內的作用，這就是肥胖的原因！為了能瘦身，飲食中必須限制醣類，使血糖值緩慢上升而胰島素幾乎不被分泌的減醣飲食是最佳選擇。藉由抑制醣類使身體必要的熱量來源不足，進行分解體內脂肪來補足，如此即使不進行激烈運動等，也能自然地變成易瘦體質。

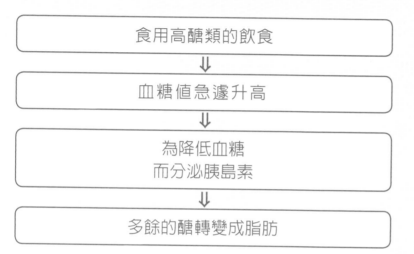

食用高醣類的飲食

⇩

血糖值急遽升高

⇩

為降低血糖
而分泌胰島素

⇩

多餘的醣轉變成脂肪

[還有這樣的好處！！]

☑ 提高代謝

　有效率地瘦身，必須增加肌肉量提升基礎代謝。最適用大量攝取蛋白質的減醣瘦身飲食法，"經由飲食提升肌肉量，產生熱量"的瘦身機制，就能因為飲食而調整。

☑ 減鹽

　在製作菜餚時，我們很容易會無意識地將菜餚調味成適合與碳水化合物一起食用的口味。在控制碳水化合物的飲食中，常會僅攝取菜餚，所以略略地將味道偏淡地烹調，就能漸漸地減少並抑制鹽分的攝取了。

☑ 改善水腫

醣類因具有與水分結合的特性，藉由控制醣類，也同時能讓身體不會蓄積多餘的水分，所以水分和老癈物質也可以非常有效率地排出體外。

利用減醣 "立即享瘦" 的秘訣
每一餐固定攝取40g的醣類

因為醣類對身體而言是必要的營養素，每餐控制不超過40g也是重點。例如，以一天的醣類攝取量120g而言，若設定成「早餐0g、午餐0g、晚餐120g」，則體內的血糖值忽高忽低，狀況就會紊亂，而無法得到應有的效果。以每餐攝取40g的標準，約攝取20～60g，則血糖值就會緩慢地上升、緩慢地降低，也是致使身體不會蓄積脂肪的秘訣。想要在短時間顯現出成效的人，也可以將醣類攝取的比例設定為「早餐60g、午餐40g、晚餐20g」！相對於早上，晚間的活動量較少，因此也可以配合生活來改變醣類攝取量。

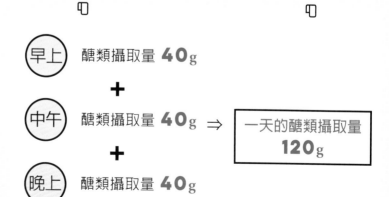

早上　醣類攝取量 **40**g

＋

中午　醣類攝取量 **40**g ⇒ 一天的醣類攝取量 **120**g

＋

晚上　醣類攝取量 **40**g

「減醣」料理的奧秘

即使減少碳水化合物，但也會因其他食材或調味料而攝取過多的醣類!? 聰明地活用低醣類食材 & 調味料，
精巧地選擇食材或烹調方式，減醣也是很簡單的！減醣瘦身飲食法就會更貼近生活更容易執行了。

減醣料理 | 奧秘 1

大量攝取肉類或魚類
米飯只要 1/2 碗就 OK

餐食當中醣類含量最多的就是碳水化合物。例如，米飯
1 碗（150g），就有 55.2g 的醣類含量，因此將主食控
制在平時的半量（70g），醣類含量就能控制在 25.8g，
其餘的菜餚或湯品等，即使食用與平時相同的分量也沒
關係。特別是肉類、海鮮類每 100g 的醣類含量在 1g
以下的菜色可多加攝取，會成為製造肌肉的來源，所以
可以積極地食用。

不挨餓充分享用菜餚，
大滿足！

減醣料理 | 奧秘 2

來自調味調的
多餘醣類也減少！

僅預備低醣類食材，作為減醣料理仍
不夠充分！調味料當中，意外地有很
多含高醣類的品項，因此必須要與食
材一起有意識地減醣。醣類含量低，
可以隨意使用黃豆粉、凍豆腐、燒
酒、起司、香草等，將其加以活用，
使用高醣類含量的調味料時，也請嚴
守食譜上的分量使用。

▲ 用茶葉濾網過篩粉類！
在使用高醣類含量的粉類
時，使用茶葉濾網就 OK。因
為可以薄薄地篩，能控制用
量也能均勻分佈在食材上。

▲ 活用黃豆粉
炸物用的粉類或麵包粉，改
用低醣類含量的黃豆粉或磨
碎的凍豆腐來代替。不僅無
損其美味，更能增添香氣。

▲ 用燒酒來取代料理酒！
日本酒或市售的料理酒，醣
類含量較高，因此大量使用
時，建議改用零醣類的燒酒
或低醣類含量的葡萄酒。

建議！ 調味料	·鹽 ·胡椒 ·醋 ·美乃滋 ·油 ·奶油 ·香料 ·芥末 ·山葵 ·膏狀芥末 ·起司 ·番茄泥 ·香草類
需注意！ 調味料	·粉類（低筋麵粉、太白粉等） ·砂糖 ·味醂 ·味噌 ·番茄醬 ·醬汁（中濃醬汁、伍斯特醬汁、豬排醬等） ·燒肉醬 ·油糊（咖哩或濃湯等）

減醣料理 | 奧秘 3　提升滿足感!! 活用零醣類的油脂類 & 奶油

在限制卡路里時被敬而遠之的沙拉油、橄欖油等所有的油脂類
或奶油，居然都是零醣類！在拌炒或香煎等烹調時，即使大量
使用也沒關係。而且還具有減緩血糖值升高的作用，所以請務
必加以活用。

橄欖油

奶油

芝麻油

每餐醣類攝取40g以下，可以像這樣吃!!

碳水化合物若能控制成半量，之後再由本書中的「主菜」和「配菜」內各選出一道想吃的菜餚，就OK了！即使沒有一一計算食材料理的醣類含量，每餐僅選擇2～3道，醣類含量的組合加總也會在40g以內，所以能夠輕鬆達成。而且，本書中結集了200道食譜，因此不會有一成不變的感覺，也不用煩惱菜單。高卡路里的「炸物」或「西式餐點」都能食用，再多作幾道備用，只要裝起來就能完成減醣的便當了。

炸物也能享用！紮實美味的食譜

- 炸凍豆腐豬排
  →參照P.21
- 韭菜雞蛋湯→參照P.62
- 醃梅秋葵涼拌豆腐
  →參照P.82
- 米飯1/2碗

醣類僅
37.4g

麵包也OK！西式食譜

- 番茄奶油燉煮香茄雞肉→參照P.18
- 蕪菁與生火腿的Carpaccio
  →參照P.84
- 法式長棍麵包50g

醣類僅
35.9g

裝滿了3道菜餚！豪華便當

- 粕漬魠魠魚→參照P.45
- 奶油起司拌芝麻四季豆
  →參照P.81
- 紫高麗菜的洋蔥沙拉
  →參照P.83
- 米飯70g
- 黑芝麻少許

醣類僅
36.6g

[減醣瘦身飲食法的 Q & A]

Q 有不適合減醣瘦身飲食法的人嗎？

孕期婦女、身體狀況不佳者（痛風需要注意尿酸值等）不建議進行，或是年邁者、孩童，不要限制醣類攝取為宜。若同桌用餐時，食用同樣的菜餚或湯品等減醣菜單沒有關係，只要確實搭配著攝取碳水化合物即可。

Q 減醣會容易造成便秘……是真的嗎？

含大量碳水化合物的主食當中，也含有食物纖維和水分，因此限制了攝取量之後，會有糞便變硬、量變少的狀況。不要僅偏重在肉類、海鮮類等蛋白質的攝取，多攝取蔬菜和海藻類…等，也很重要。此外，便秘或體重無法降低的人，要有意識地先吃蔬菜！從蔬菜開始食用，就可以利用食物纖維的作用，緩減血糖值的上升，除此之外，確實咀嚼也能更有助於消化。

Q 零醣類和零糖類有何不同？

在醣類的大框架下，也包含著糖類，因此即使是零糖類也不一定是零醣類。再者即使是零糖類，有時也會包含人工甜味劑或糖醇等，必須多加留意！購買市售品時，請務必確認商品標示。此外，一旦用人工甜味劑替代砂糖時，口中會殘留甜味而令人想喝果汁或吃糕點等…，造成惡性循環。從平時的料理就不使用人工甜味劑，減少白砂糖或紅糖的使用量，逐漸地脫離依賴甜度的口味，非常重要。

主菜

減醣瘦身飲食法的堅強後盾！

在此介紹作為主要食材，被大量使用，

含有豐富蛋白質的「肉」、「魚貝」、「豆腐

大豆製品」、「雞蛋」菜餚。

顛覆目前為止的常識，飽足感十足的減醣瘦

身飲食法菜單，

沒有壓力不挨餓，就能長期持續下去。

用生活周遭容易取得的食材就能輕鬆製作，

家人們也能開心一起享用的美味。

雞肉

南蠻風味雞

材料2人份

雞腿肉 … 1大片（300g）

沙拉油 … 1小匙

A
- 燒酒、醬油、醋 … 各1大匙
- 砂糖 … 1/2大匙
- 太白粉 … 1/4小匙
- 鹽 … 少許

B
- 切碎的水煮蛋 … 1個
- 切碎的洋蔥 … 1大匙
- 美乃滋 … 2大匙
- 檸檬原汁 … 1小匙
- 鹽、胡椒 … 各少許

散葉萵苣 … 1～2片（20g）

番茄 … 小型1個（100g）

製作方法

① 雞肉除去多餘的脂肪，切除筋絡，對半分切。

② 在平底鍋放入沙拉油以中火加熱，雞皮面朝下，約煎5分鐘左右至金黃焦香為止，翻面，蓋上鍋蓋轉小火，燜煎約2分鐘左右。

③ 用廚房紙巾拭去②的多餘脂肪，加入**A**使其沾裹至產生光澤。切成容易食用的大小盛盤，澆淋上平底鍋中殘留的湯汁。放上拌好的**B**，佐以撕碎的散葉萵苣及切成半月型的番茄。

減醣tips

· 不沾裹高醣類的麵衣，取而代之將雞腿煎至金黃香酥

· 即使澆淋上大量低醣類的塔塔醬也OK

卡門貝爾起司
檸檬雞

醣類 **2.7**g

口水雞

醣類 **2.9**g

材料2人份

雞腿肉 … 2小片（400g）
卡門貝爾起司
　… 1/2個（50g）
半月型的檸檬切片 … 8片

A ┌ 迷迭香 … 1根
　│ 橄欖油 … 1/2大匙
　│ 鹽 … 1/2小匙
　└ 粗粒黑胡椒 … 少許
橄欖油 … 1小匙

製作方法

❶ 雞肉除去多餘的脂肪，切除筋絡，將1片分切成4等分。將**A**揉搓至雞肉中，置於室溫約10分鐘。卡門貝爾起司放射狀切成8等分。

❷ 在平底鍋放入橄欖油以中火加熱，雞皮面朝下地放入。約煎4～5分鐘至金黃焦香後翻面，蓋上鍋蓋轉小火，燜煎約2分鐘左右。

❸ 將檸檬、卡門貝爾起司放置於②上，蓋上鍋蓋，略燜蒸起司即可。

減醣tips

· 以零醣類的鹽調味
· 利用濃郁且低醣類的起司來提升食用的口感

材料2人份

雞腿肉 … 1大片（300g）
鹽 … 1小匙

A ┌ 蔥（蔥綠部分）… 1根
　│ 薑帶皮 … 1小塊
　│ 水 … 3杯
　└ 燒酒 … 1/4杯

B ┌ 薑末 … 1小塊
　│ 蒜末 … 1/2瓣
　│ 醬油 … 1大匙
　│ 黑醋 … 1/2大匙
　│ 砂糖、辣油（含辛香料
　│ 　的種類）… 各1小匙
　└ 花椒（粉）… 少許
香菜 … 1/4盒（10g）

製作方法

❶ 用鹽揉搓醃漬雞肉，置於室溫約30分鐘。

❷ 在直徑約18cm的平底鍋中，將雞皮朝上地放入，加入**A**，以大火加熱。煮至沸騰後轉為小火煮約3分鐘，上下翻轉雞肉後再煮約4分鐘。熄火，覆蓋上廚房紙巾，蓋上鍋蓋靜置約30分鐘（※ 取出2大匙煮汁備用。）

❸ 雞肉分切成方便食用的大小，盛盤。將取出備用的煮汁與**B**混拌後澆淋，在以切成個人喜好長度的香菜。

減醣tips

· 活用美味的煮汁和具香氣的食材，避免使用高醣類調味料
· 使用零醣類的燒酒

雞肉煮蘿蔔 　醣類 **5.2**g

奶油酸橙醋
炒雞肉與櫛瓜 　醣類 **3.7**g

材料2人份

雞腿肉 … 1大片（300g）	A [高湯 … 3杯
蘿蔔 … 大型1/4根（300g）	燒酒 … 1/4杯
薑絲 … 1小塊	醬油 … 1/2大匙
	鹽 … 1/2小匙]

酸橙 … 1個

柚子胡椒 … 1小匙

製作方法

❶ 雞肉切成6等分。蘿蔔切成長度6～7cm後，縱切成6等分。

❷ 在鍋中放入 A，以中火加熱。煮至沸騰後加入①和薑絲，再度煮至沸騰後撈除浮渣。轉為略小的中火，不時上下翻動地煮約15分鐘。

❸ 將②盛盤，搭配對切的酸橙並佐以柚子胡椒。

(減醣tips)

・利用零醣類的燒酒煮出其中的美味

材料2人份

雞腿肉 … 1片（250g）	粗粒黑胡椒 … 少許
櫛瓜 … 1小根（100g）	沙拉油 … 1/2大匙
甜椒（紅）… 1/2小個	A [酸橙醋醬油 … 2大匙
（實重50g）	奶油 … 10g]
鹽 … 1/4小匙	

製作方法

❶ 雞肉切成一口大小，撒上鹽、黑胡椒。櫛瓜切成1cm寬的圓片，甜椒切成略小的一口大小。

❷ 在平底鍋放入沙拉油以中火加熱，雞皮面朝下地放入，約煎4～5分鐘至金黃焦香後翻面。加入櫛瓜，煎至兩面金黃焦香，兩面共煎約3分鐘。

❸ 在②中加入甜椒拌炒，待全部沾裹上油脂後，加入 A 混合拌炒。

(減醣tips)

・活用低醣類的櫛瓜

・控制高醣類的甜椒用量

材料2人份

雞胸肉 … 1片（250g）
水煮竹筍 … 100g
秋葵 … 6根
蒜末 … 1/2瓣
鹽 … 少許
沙拉油 … 1大匙

咖哩粉 … 1/2大匙

A ┌ 椰奶罐頭 … 1/2罐
　 │ 　　（200g）
　 │ 水 … 1/2杯
　 │ 魚露 … 1大匙
　 └ 鹽 … 1小撮

辣椒粉 … 適量

製作方法

❶ 雞肉切成一口大小，竹筍切成半月型。秋葵 除硬蒂撒上食鹽，用兩手輕輕按壓滾動後再略加沖洗。

❷ 在鍋中加入沙拉油以中火加熱。加入①、蒜末拌炒。待雞肉變色後，加入咖哩粉拌炒至粉類完成消失為止。

❸ 在②中加入A混拌，煮至沸騰後轉為較小的中火，煮7～8分鐘。盛盤，撒上辣椒粉。

減醣tips

· 使用醣類含量較牛奶、豆漿更低的椰奶

椰香咖哩雞

醣類 **4.6**g

蒜香黃豆粉
炸雞胸

醣類 **2.7**g

材料2人份

雞胸肉 … 1片（250g）

A ┌ 蒜末 … 1/2瓣
　 │ 醬油、燒酒
　 │ 　… 各1/2大匙
　 └ 鹽 … 1/3小匙

B ┌ 蛋液 … 1/2個
　 │ 黃豆粉 … 4大匙
　 └ 水 … 2大匙

炸油 … 適量
檸檬 … 1/8顆

製作方法

❶ 雞肉去皮，片切成約1.5cm厚，切成略大的一口大小。放入缽盆中將A與雞肉揉搓，置於室溫中放置約15分鐘。

❷ 在①中加入B混合，沾裹作為麵衣。

❸ 在平底鍋中放入約2cm的炸油，170℃，每片雞肉都確實沾裹麵衣後放入鍋中。不時翻面地油炸約3分鐘後撈出，瀝乾油脂，盛盤，在以切成半月型的檸檬。

減醣tips

· 麵衣不是高醣類的低筋麵粉或太白粉，使用的是具有香氣並且低醣類的黃豆粉

· 醬油用量越多醣類含量也會變高，所以添加了零醣類的鹽以抑制其用量

· 使用零醣類的燒酒

醣類 **1.5**g

蔥鹽醬汁雞翅

材料2人份

雞翅 … 6隻（350g）
鹽、粗粒黑胡椒 … 各少許

A
┌ 蔥花 … 1/4根（25g）
│ 薑末 … 1/2小塊
│ 芝麻油、檸檬原汁 … 各1大匙
└ 鹽 … 1/3小匙

製作方法

❶ 雞翅沿著骨骼劃切，揉搓鹽、黑胡椒。

❷ 用大火加熱烤魚用網架（兩面烘烤），排放雞翅烤約12分鐘左右。

❸ 將②盛盤，澆淋上A。

減醣tips

· 用零醣類的鹽醃漬調味，醬汁也是以鹽味為基底

優格味噌雞肉

材料2人份

雞腿肉 … 2小片（400g）
糯米椒 … 6根

A
┌ 薑泥 … 1小塊
│ 原味優格 … 3大匙
│ 味噌 … 2大匙
└ 鹽 … 1/3小匙
沙拉油 … 1小匙

製作方法

❶ 雞肉除去多餘的脂肪，切除筋絡，均勻等量地刷塗A。用保鮮膜包覆後，置於冷藏室醃漬一夜。

❷ 略略除去雞肉醃漬的醬汁。用刀尖在糯米椒上劃切幾刀。

❸ 在平底鍋中加入沙拉油以中火加熱，放入糯米椒香煎，取出。將雞皮朝下地放入同一平底鍋中，以略小的中火煎3～4分鐘至金黃焦香，翻面。蓋上鍋蓋轉為小火，燜煎6分鐘左右。切成方便食用的大小盛盤，在以糯米椒。

減醣tips

· 利用優格可以提升風味，而不使用高醣類的砂糖

· 味噌用量越多則醣類含量也越高，所以添加零醣類的食鹽以控制其用量

醣類 **4.5**g

煙燻雞肉

材料2人份

雞腿翅 … 8隻（260g）

A ┌ 洋蔥泥 … 1/8個（25g）
  │ 蒜泥 … 1瓣
  │ 檸檬原汁、橄欖油 … 各1大匙
  │ 多香果、辣味粉、鹽 … 各1小匙
  │ 肉荳蔻、辣椒粉 … 各1/4小匙
  └ 粗粒黑胡椒 … 少許

萊姆 … 1/4個

製作方法

❶ 雞腿翅沿著骨骼深深地劃切，將具厚度處朝兩側展開。將A放入厚的塑膠袋內混合，加入雞腿翅揉搓。放入冷藏室醃漬一夜。

❷ 將雞腿翅排放在舖有烤盤紙的烤盤上，以220℃預熱的烤箱烘烤約15分鐘。盛盤，佐以切成半月狀的萊姆。

減醣tips

· 利用香料類來增添風味，以零醣類的鹽來調味

番茄奶油燉煮香茄雞肉

醣類 **7.1**g

醣類 **3.7**g

材料2人份

雞腿肉 … 1片（250g）
茄子 … 2根（160g）
蒜末 … 1瓣
鹽、胡椒 … 各少許
橄欖油 … 1大匙

A ┌ 番茄罐頭（整粒粗碾）… 1/2罐（200g）
  │ 水 … 1/2杯
  │ 鹽 … 1/2小匙
  └ 胡椒 … 少許

鮮奶油 … 1/2杯
平葉巴西利碎 … 適量

製作方法

❶ 雞肉除去多餘的脂肪，切成一口大小，撒上鹽、胡椒。茄子切成1cm的圓片，放入冷水中洗淨後瀝乾水分。

❷ 在平底鍋中加入橄欖油以中火加熱，放入茄子和雞皮朝下的雞肉。茄子翻面地煎，雞肉則煎約4～5分鐘至金黃焦香。加入大蒜拌炒，待全體沾裹油脂後，加入A。煮至沸騰後轉為略小的中火，不時翻面，加熱約7分鐘。

❸ 在②中添加鮮奶油，邊不時混拌邊煮約2分鐘。盛盤，撒上平葉巴西利。

減醣tips

· 藉著添加低醣且能產生濃郁風味的鮮奶油，抑制高醣類番茄罐頭的用量

18

異國風味
雞肉炒青菜

材料2人份

雞胸肉 … 1片（250g）
小松菜 … 1把（200g）
粗粒蒜末 … 1瓣

A 「 燒酒 … 1/2大匙
　　太白粉 … 1/2小匙
　　鹽 … 少許

沙拉油 … 1/2大匙

B 「 紅辣椒小圓片
　　　… 1/2根
　　燒酒、魚露
　　　… 各1大匙
　　蠔油 … 1/2大匙
　　砂糖 … 1小匙

製作方法

❶ 雞肉去皮，切成1.5cm寬的棒狀，將A揉搓至雞肉當中。小松菜切成5cm長段。

❷ 在平底鍋中加入沙拉油以中火加熱，放入雞肉拌炒。待雞肉變色後，放進小松菜、大蒜混合拌炒至小松菜變軟後，加進B迅速混合拌炒。

減醣tips

・ 太白粉與燒酒一起揉搓可以減少用量
・ 用鮮味強且低醣類的魚露進行調味

洋蔥榨菜
照燒雞

醣類 4.8g

材料2人份

雞腿肉 … 2小片（400g）

A 「 榨菜（已調味）切絲
　　　… 50g
　　洋蔥泥 … 1/8顆（25g）
　　紅酒 … 2大匙
　　醬油 … 1又1/2大匙
　　砂糖 … 1/2大匙

沙拉油 … 1小匙
白芝麻 … 1小匙
青紫蘇葉 … 6片

製作方法

❶ 雞肉除去多餘的脂肪，切除筋絡。

❷ 在平底鍋中加入沙拉油以中火加熱，雞皮朝下放入雞肉。煎約5分鐘至金黃焦香後，翻面，蓋上鍋蓋轉小火，燜煎3分鐘左右。

❸ 用廚房紙巾拭去多餘的脂肪，加入A後轉成大火。邊煮至沸騰邊使其沾裹醬汁呈現光澤，切成方便食用的大小，盛盤。澆淋上平底鍋中的醬汁，撒上白芝麻佐青紫蘇葉。

減醣tips

・ 利用洋蔥泥來補足甜味，減少高醣的砂糖和味醂
・ 使用零醣的榨菜增加鹽味及美味
・ 使用低醣類的紅酒

醣類 4.0g

豬
肉

魚露滷豬肉

材料4～5人份

豬五花肉塊 … 800g

A
- 蔥（蔥綠部分）… 1根
- 薑帶皮 … 2小塊
- 豆渣 … 100g

B
- 水 … 4杯
- 燒酒 … 1杯
- 紅辣椒（去籽）… 1根
- 魚露 … 3大匙
- 醬油 … 1/2大匙
- 鹽 … 1小撮

青蔥絲 … 1/5根（20g）

製作方法

❶ 將豬肉油脂朝下地放入平底鍋中，以中火加熱。釋出的油脂用廚房紙巾拭去，再繼續煎至呈現焦色約3分鐘，其餘的切面也同樣地各煎1～2分鐘。

❷ 在直徑約22cm的鍋中放入豬肉和大量的水，加入**A**以大火加熱。煮至沸騰後，覆蓋上廚房紙巾，轉成小火，煮約30分鐘。待放涼後，將豬肉切成容易食用的大小（※若有時間，可以在放涼後，連同煮汁一起放入冷藏室靜置一夜）。

❸ 將②的鍋子清潔後，放入**B**。用大火加熱，煮至沸騰後放入豬肉，蓋上落蓋，注意火候（小火～略小的中火）使其噗嗞噗嗞地煮約1小時。盛盤，佐以青蔥。

減醣tips

· 用低醣類的魚露調味，可以不使用高醣類的味醂

· 使用零醣類的燒酒

醣類 **7.7**g

炸凍豆腐豬排

材料2人份

豬里脊排 … 2大片（250g）　　炸油 … 適量
凍豆腐 … 2個（30g）　　　　　高麗菜 … 2～3片（100g）
鹽 … 1/4小匙　　　　　　　　青紫蘇葉 … 4片
胡椒 … 少許　　　　　　　　　中濃醬 … 2小匙
低筋麵粉 … 1/2大匙　　　　　黃芥末籽醬 … 1大匙
蛋液 … 1/2個

製作方法

❶ 在豬肉筋膜處劃入切紋，撒上鹽、胡椒。凍豆腐磨
　成碎屑。

❷ 用茶葉濾網將低筋麵粉薄薄地撒在豬肉上，沾裹蛋
　液後撒上凍豆腐屑。

❸ 在平底鍋中放入約2cm高的炸油，加熱至170℃，
　放入②。不時翻面地油炸約4分鐘後，取出瀝乾油
　脂，切成方便食用的大小，盛盤。搭配混入撕碎青
　紫蘇葉的高麗菜絲，澆淋中濃醬，佐以芥末籽醬。

減醣tips

・麵衣不使用高醣類的麵包粉，以低醣類的凍豆腐取代
・用茶葉濾網篩撒高醣類的低筋麵粉，以減少用量

醣類 **7.1**g

台灣風味燉煮豬肉

材料2人份

豬五花薄片 … 200g　　　　　　烏醋、醬油、蠔油
乾燥香菇 … 2朵（10g）　　　　　　… 各1大匙
水煮蛋 … 2個　　　　　　　B　砂糖 … 1/2大匙
　　蒜末、薑末　　　　　　　　　五香粉 … 1/2小匙
A　　… 1瓣（1小塊）　　　　　　　鹽 … 少許
　　沙拉油 … 1小匙　　　　　香菜 … 適量

製作方法

❶ 將乾燥香菇在1杯溫水中浸泡約1～2小時還原。
　浸泡過的湯汁加入水分補足成1/4杯，浸泡過的香
　菇切成粗粒狀。肉切成6～7cm的長度。

❷ 在鍋中放入A，以中火加熱，散發香氣後放入豬肉
　和香菇一起拌炒。待豬肉變色後，加入①的香菇
　汁、B、水煮蛋，混拌並不時翻面地燉煮約10分
　鐘，水煮蛋對切。盛盤佐以切段的香菜。

減醣tips

・活用風味十足的香菇浸泡湯汁，以減少使用高醣類的
　砂糖

南蠻風味的龍田炸豬肉

材料2人份

豬里脊薄片 … 150g
芹菜 … 1根（100g）
芹菜葉 … 10g
鹽 … 少許
太白粉 … 1大匙

A
- 紅辣椒（去籽）… 1根
- 高湯 … 1/2杯
- 醋 … 1大匙
- 醬油 … 1/2大匙
- 砂糖 … 1/2小匙
- 鹽 … 1/3小匙

炸油 … 適量

製作方法

❶ 在豬肉表面撒上鹽，以茶葉濾網薄薄地篩撒太白粉。芹菜斜切成薄片，葉片切碎。

❷ 將A倒入方型淺盤中，加入芹菜和芹菜葉使其混合。

❸ 平底鍋中倒入約2cm高的炸油，加熱至180℃，放入豬肉。不時翻面約炸3分鐘左右，取出瀝乾油脂，趁熱加入②當中使其混合。

減醣tips

· 用低醣類的芹菜取代高醣類的洋蔥
· 用茶葉濾網篩撒高醣類的太白粉，以減少用量
· 醬油用量一旦變多醣類含量也變高，所以添加零醣類的鹽

醣類 **6.8**g

醣類 **4.3**g

咖哩薑燒豬肉

材料2人份

豬里脊片 … 8～10片（250g）
沙拉油 … 1/2大匙

A
- 薑泥 … 1小塊
- 紅酒 … 3大匙
- 醬油 … 1大匙
- 砂糖 … 1/2大匙
- 咖哩粉 … 1/2小匙

水菜 … 1/4把（50g）

製作方法

❶ 在平底鍋中倒入沙拉油以中火加熱，放入豬肉片。煎至略呈焦色約2～3分鐘，翻面地略加香煎。

❷ 用廚房紙巾拭去①的多餘脂肪，加入A。邊煮至沸騰並具光澤地沾裹在肉片上，盛盤，佐以切段的水菜。

減醣tips

· 利用咖哩粉使風味更佳，並減少使用高醣類的砂糖
· 運用低醣類的紅酒

蒸茄子豆苗肉卷

材料2人份

豬五花薄片 … 8片（160g）　　胡椒 … 少許
茄子 … 1根（80g）　　　　　　蘿蔔泥 … 80g
豆苗 … 1袋（實重100g）　　　酸橙醋醬油 … 1大匙
鹽 … 1/4小匙

製作方法

❶ 茄子縱切成8等分，豆苗切下根部。

❷ 在豬肉表面撒上鹽、胡椒，將①均等地放上在身體前方的肉片上，略微交錯地將豬肉片捲起。

❸ 將②捲起的貼合口朝下，不重疊地排放在耐熱盤上，鬆鬆地覆蓋保鮮膜。用微波爐加熱約6分鐘，盛盤，放上瀝去水分的蘿蔔泥，澆淋酸橙醋醬油。

（減醣tips）

- 活用低醣類的豆苗
- 使用零醣類的燒酒
- 酸橙醋醬油的用量一旦變多，醣類含量也越高，所以要控制用量

醣類 **7.0g**

泡菜風味的豬肝炒韭菜

醣類 **3.3g**

材料2人份

豬肝 … 150g　　　　　　　鹽、胡椒 … 各少許
韭菜 … 1/2把（50g）　　　低筋麵粉 … 1小匙
黃豆芽 … 1袋（200g）　　沙拉油 … 1/2大匙
白菜泡菜 … 100g　　　　A ［美乃滋 … 1大匙
　　　　　　　　　　　　　　醬油 … 2小匙

製作方法

❶ 豬肝斜片成一口大小，除去多餘的脂肪、血塊。用冷水沖洗15分鐘左右（※過程中換1～2次水），用廚房紙巾拭乾水分，撒上鹽、胡椒，以茶葉濾網薄薄地篩撒低筋麵粉。韭菜切成5cm的長段。

❷ 平底鍋中倒入沙拉油以中火加熱，放入豬肝，兩面共煎約4分鐘。加入黃豆芽用大火快炒，待軟化後，再放入白菜泡菜、**A**，迅速混合拌炒。

（減醣tips）

- 醬油用量一旦變多醣類含量也變高，所以添加濃郁風味低醣類的美乃滋，以控制用量
- 活用零醣類黃豆芽
- 以茶葉濾網篩撒高醣類的低筋麵粉，以控制用量

材料 4 人份

豬肩里脊肉塊 … 500g
白菜 … 1/8 顆（300g）
甜椒（黃）… 小型 1 個
　（實重 100g）
櫛瓜 … 小型 1 根（100g）
鹽 … 2 小匙
胡椒 … 少許
橄欖油 … 1 大匙
百里香 … 3 ～ 4 根
白酒 … 1/2 杯
芥末籽醬 … 2 大匙

製作方法

❶ 將鹽、胡椒揉搓至豬肉塊中，覆蓋保鮮膜，置於冷藏室 2 ～ 3 小時。白菜切成一口大小，甜椒縱向切成 4 等分。櫛瓜橫向對切後，再縱向對切。

❷ 在平底鍋中放入橄欖油以中火加熱，放入豬肉，煎至呈現金黃焦香為止，邊翻面邊煎約 3 ～ 4 分鐘。

❸ 在直徑約 22cm 的鍋中，鋪放半量的白菜，放入②。周圍放上甜椒、櫛瓜，表面放置其餘的白菜和百里香，圈狀澆淋白酒後用大火加熱。煮至沸騰後，蓋上鍋蓋轉成小火，約燉煮 40 分鐘。豬肉切成個人喜好的大小，與蔬菜和百里香一同盛盤，澆淋上煮汁，佐以芥末籽醬。

(減醣tips)

・使用醣類含量較高麗菜低的白菜
・用零醣類的鹽來調味，搭配低醣類的芥末籽醬提味

白酒燉煮豬肉和蔬菜

醣類 **5.3g**

茄香豬肉

材料2人份

豬肉塊 … 200g
蘑菇 … 1盒（100g）
白花椰 … 1/6顆（50g）
綠花椰 … 1/3顆（80g）
鹽 … 適量
黑胡椒 … 少許

橄欖油 … 1大匙
A ⎡ 番茄泥 … 3大匙
  ⎢ 紅酒、醬油
  ⎢ … 各1大匙
  ⎣ 鹽、胡椒 … 各少許
奶油 … 15g

製作方法

❶ 豬肉撒上少許的鹽、黑胡椒。蘑菇切成薄片，白花椰、綠花椰分切成小株。

❷ 在鍋中煮沸熱水，依序加入少許的鹽，燙煮白花椰、綠花椰，白花椰約3分鐘、綠花椰約2分鐘30秒左右，撈出，瀝乾水分。

❸ 平底鍋中倒入橄欖油以中火加熱，放入豬肉拌炒。待豬肉變色後，加入蘑菇拌炒至變軟，加入A，再炒約2～3分鐘。加入奶油混拌，盛盤佐以②的蔬菜。

減醣tips

· 用低醣類含量的番茄泥，取代高醣類的番茄醬
· 活用低醣類的蘑菇
· 使用低醣類的紅酒

醣類 4.0g

香煎豬排佐起司醬汁

材料2人份

厚切豬里脊 … 2片（250g）
鹽 … 1/4小匙
粗粒黑胡椒 … 少許
低筋麵粉 … 1/2小匙
沙拉油 … 1/2大匙

起司薄片 … 3片
牛奶 … 2又1/2大匙
生菜嫩葉 … 30g
Treviso 紅菊苣 … 2片（20g）

製作方法

❶ 在豬肉筋膜劃出切口，揉搓鹽、黑胡椒，用茶葉濾網薄薄地篩撒上低筋麵粉。在平底鍋中放入沙拉油以中火加熱，放入豬肉，煎約3分鐘左右煎至金黃焦香，翻面並轉為小火再煎約4分鐘。

❷ 在小鍋中放入撕碎的起司薄片，加入牛奶，用小火加熱。邊混拌邊避免煮至沸騰地融化起司，並加溫至產生稠濃。

❸ 將①切成方便食用的大小後盛盤。搭配混拌的生菜嫩葉和撕碎的紅菊苣，將②澆淋在豬肉上。

減醣tips

· 利用低醣類的起司添加濃郁的美味
· 用茶葉濾網篩撒高醣類的低筋麵粉以減少用量

醣類 2.3g

黑胡椒炒豬肉與蕪菁

醣類 **5.9**g

材料2人份

豬肉片 … 150g
蕪菁 … 3個（300g）
蕪菁葉 … 50g
薄切蒜片 … 1瓣

A ［ 白酒 … 1大匙
太白粉 … 1/2小匙
鹽、胡椒 … 各少許 ］

沙拉油 … 1/2大匙
鹽 … 1/3小匙
粗粒黑胡椒 … 少許

製作方法

❶ 將A揉搓至豬肉中。蕪菁切成8等分的月牙狀。蕪菁葉切成3cm的長段。

❷ 在平底鍋中放入沙拉油，放入大蒜以中火加熱，待產生香氣後放入蕪菁拌炒約2分鐘，炒至顏色變透明為止。加入豬肉拌炒，待豬肉變色後，加入蕪菁葉拌炒。待葉片變軟後，撒入鹽、胡椒，再迅速地混合拌炒。

減醣tips

· 使用低醣類的白酒

· 藉由將太白粉與白酒一起揉搓，以減少用量

黃芥末涼拌涮豬肉片與萵苣

醣類 **3.3**g

材料2人份

涮涮鍋用豬肉片 … 200g
海帶芽（乾燥）
　… 1又1/2大匙（3g）
萵苣 … 1/2個（150g）

A ［ 芝麻油 … 1又1/2大匙
醬油 … 1大匙
醋 … 1/2大匙
膏狀芥末 … 1/2小匙
鹽 … 1/3小匙 ］

辣椒絲 … 適量

製作方法

❶ 海帶芽浸泡於水中約5分鐘還原，瀝乾水分。萵苣撕成一口大小。

❷ 在鍋中煮沸熱水，迅速汆燙豬肉後撈出，瀝乾水分放涼備用。

❸ 在缽盆中放入A，加入①、②，混拌至萵苣變軟為止。盛盤，放上辣椒絲。

減醣tips

· 活用低醣類的萵苣和海帶芽

· 用膏狀芥末提味，以減少高醣類調味料的用量

牛肉

糖類 **2.7**g

蒜香奶油煎牛排

材料2人份

牛排肉 … 2片（360g）

A ┌ 洋蔥泥 … 1/8個（25g）
　└ 薑泥 … 1/2小塊

鹽 … 1/3小匙

粗粒黑胡椒 … 少許

沙拉油 … 1小匙

奶油 … 1小匙

B ┌ 蒜泥 … 1/4瓣
　│ 醬油 … 1大匙
　└ 奶油 … 10g

西洋菜 … 1/2把（20g）

製作方法

❶ 牛肉筋膜劃出切口。在方型淺盤內倒入A混合，放入牛肉使其沾裹。靜置於室溫下20分鐘，略除去A後揉搓入鹽、黑胡椒。

❷ 在平底鍋中放入沙拉油以中火加熱，牛肉脂肪朝下地香煎兩面各約1～2分鐘。切成方便食用的大小，盛盤，放上奶油。

❸ 將②的平底鍋洗淨後，放入B以中火加熱。待奶油融化後澆淋在牛肉上，在以西洋菜。

減醣tips

· 使牛肉柔軟地醃漬入味時，不使用高醣類的調味料，活用香味蔬菜和零醣類的鹽

糖類 **4.3**g

糖類 **4.5**g

柴魚風味醬油
燉煮咖哩肉豆腐

材料2人份

碎牛肉片 … 150g
木綿豆腐 … 1塊（300g）
舞菇 … 1盒（100g）

A
水 … 1又1/2杯
柴魚風味醬油
　（3倍濃縮）… 2大匙
咖哩粉 … 1小匙
鹽 … 1/3小匙

青蔥的蔥花 … 2根（10g）
辣椒粉 … 少許

製作方法

❶ 豆腐瀝乾水分，撕成一口大小。舞菇分成小株。

❷ 在鍋中放入A混合，以中火加熱。煮沸後加入牛肉，再次煮至沸騰後撈除浮渣。加入①轉較小的中火，不時翻面約煮15分鐘。盛盤後放青蔥花，再撒上辣椒粉。

減醣tips

· 用零醣類的鹽、咖哩粉來增添風味

· 豆腐與其用絹豆腐，不如用低醣類的木綿豆腐

蠔油辣炒牛肉
與黃瓜

材料2人份

碎牛肉片 … 150g
小黃瓜 … 2根（200g）
榨菜（調味）… 30g

A
燒酒 … 1大匙
太白粉 … 1/2小匙
鹽、胡椒 … 各少許

沙拉油 … 1/2大匙
豆瓣醬 … 1/2小匙

B
燒酒、醬油 … 各1/2大匙
蠔油 … 2小匙
鹽 … 少許

粗粒黑胡椒 … 少許

製作方法

❶ 將A揉搓至牛肉中。以刮刀將小黃瓜皮刮出條紋後，切成滾刀塊，榨菜切成絲。

❷ 在平底鍋中放入沙拉油、豆瓣醬以中火加熱，放入牛肉拌炒。待牛肉變色後，加入小黃瓜拌炒至切口變圓潤，軟化為止。加入榨菜和B，迅速地混合拌炒，盛盤，撒上黑胡椒。

減醣tips

· 利用零醣類的榨菜來增加濃郁的風味，以抑制高醣類的蠔油用量

· 太白粉與燒酒一起揉搓，可以減少用量

醣類 **7.9**g

醣類 **6.6**g

俄羅斯酸奶牛肉

材料2人份

碎牛肉片 … 150g
芹菜 … 1根（100g）
蘑菇 … 1盒（100g）
蒜末 … 1/2瓣
鹽、胡椒 … 各少許
低筋麵粉 … 1小匙
沙拉油 … 1/2大匙

A｜ 鮮奶油 … 3/4杯
　　水 … 1/3杯
　　番茄泥 … 2大匙
　　鹽 … 1/4小匙
　　胡椒 … 少許
平葉巴西利碎 … 適量

製作方法

❶ 在牛肉表面撒上鹽、胡椒，用茶葉濾網薄薄地篩撒低筋麵粉。芹菜斜切成薄片，蘑菇切成薄片。

❷ 在平底鍋中放入沙拉油、大蒜以中火加熱，放入牛肉拌炒，加入蘑菇炒到變軟後，放入A不時翻拌約拌炒5分鐘。盛盤，撒上平葉巴西利碎。

減醣tips

· 以低醣類的芹菜取代高醣類的洋蔥

· 利用低醣類的鮮奶油形成自然的濃稠，抑制使用高醣類的麵粉

韓式炒雜菜風味的
牛肉蒟蒻絲

材料2人份

碎牛肉片 … 150g
白菜 … 小型1/4顆（400g）
香菇 … 3個（實重60g）
甜椒（紅）… 小型1/4顆
　（實重25g）
蒟蒻絲 … 100g

A｜ 蒜泥 … 1/2瓣
　　醬油、燒酒
　　 … 各1又1/2大匙
　　芝麻油 … 1大匙
　　鹽、胡椒 … 各少許
鹽 … 1/3小匙

製作方法

❶ 將A揉搓至牛肉中。白菜切成一口大小，香菇切成薄片。甜椒縱切成細絲，蒟蒻絲切成方便食用的長度。

❷ 在平底鍋中依序放入蒟蒻絲、白菜、甜椒、香菇、牛肉，圈狀澆淋上1/2杯的水，蓋上鍋蓋。用中火加熱8分鐘燜煮，加入鹽迅速混拌。

減醣tips

· 高醣類的粉絲改用低醣類的蒟蒻絲

· 使用零醣類的燒酒

· 用零醣類的鹽來調整味道，抑制使用高醣類的調味料

漢堡肉

醣類 **5.4**g

材料2人份

混合絞肉 … 200g
切碎的洋蔥 … 1/4個（50g）
木綿豆腐 … 1/3塊（100g）
玉米筍 … 4根（40g）
綠蘆筍 … 2根（40g）

A ⎡ 蛋液 … 1/2個
　 ⎢ 鹽 … 1/4小匙
　 ⎣ 醬油 … 少許

沙拉油 … 1/2大匙

B ⎡ 番茄泥 … 2大匙
　 ⎢ 奶油 … 15g
　 ⎢ 水、醬油 … 各1/2大匙
　 ⎣ 胡椒 … 少許

製作方法

❶ 將洋蔥攤放在耐熱盤上，鬆鬆地覆蓋上保鮮膜，放入微波爐加熱約1分鐘，之後直接放涼。豆腐瀝乾水分。玉米筍縱向對半分切，蘆筍用刮刀刮除根部堅硬部分，切成5cm長段。

❷ 在缽盆中放入絞肉、洋蔥、豆腐、A，混拌至產生黏性，分成2等分，整型成橢圓形。

❸ 在平底鍋中放入沙拉油以中火加熱，放入玉米筍、蘆筍拌炒約2分鐘，取出。接著放入②，翻面

地煎至金黃焦香約3分鐘左右。蓋上鍋蓋轉成小火，燜煎約6分鐘，盛盤，佐以玉米筍、蘆筍。

❹ 將③的平底鍋洗淨後，放入B以中火加熱。邊混拌邊煮至沸騰後澆淋在漢堡肉上。

減醣tips
· 高醣類的麵包粉改用低醣類的木綿豆腐
· 高醣類的中濃醬和番茄醬，則以低醣類的番茄泥來取代

辣絞肉豆醬 　醣類 **2.9**g

材料2人份

混合絞肉 … 150g
芹菜 … 1/2根（50g）
水煮大豆罐頭
　… 1罐（120g）
橄欖油 … 1/2大匙

A ⎡ 番茄泥 … 4大匙
　辣椒粉、鹽 … 各1/3小匙
　塔巴斯科辣椒醬、紅椒粉
　… 各少許 ⎦

起司粉 … 1小匙
萵苣 … 2～3片（75g）

製作方法

❶ 芹菜切成1cm的塊狀。

❷ 在平底鍋中放入橄欖油、大蒜以中火加熱，放入芹菜。拌炒約3分鐘至變軟後，加入絞肉拌炒。待絞肉變色後，加入水煮大豆、A，邊混拌邊拌炒2～3分鐘。

❸ 將②盛盤，撒上起司粉，在以撕成略大片的萵苣。

減醣tips

· 即使是豆類也選用低醣類的水煮大豆

· 高醣類的番茄糊罐頭則以低醣類的番茄泥來取代

· 用低醣類的萵苣包著享用，還能提升口感

高麗菜絲燒賣 　醣類 **5.4**g

材料2人份

豬絞肉 … 200g
高麗菜 … 2大片（120g）
鹽 … 1/4小匙

A ⎡ 切碎的洋蔥 … 1/4個（50g）
　太白粉、芝麻油 … 各1小匙
　醬油 … 1/2小匙
　鹽 … 1/4小匙 ⎦

B ⎡ 醋 … 2小匙
　醬油 … 1/2小匙 ⎦

製作方法

❶ 高麗菜切成短的細絲放入缽盆中，撒上鹽粗略混拌。靜置5分鐘後，擰乾水分。

❷ 在另外的缽盆中，放入絞肉、A，混拌至產生黏性，分成12等分，整合成圓形。均等地將①放在表面，用手輕捏整合。

❸ 沿著耐熱盤放上②，撒上1大匙的水。鬆鬆地覆蓋保鮮膜後，放入微波爐加熱5分30秒，之後直接放置燜2分鐘左右。盛盤，搭配B享用。

減醣tips

· 用高麗菜取代高醣類的燒賣皮

· 醋醬油用量越多醣類含量越高，所以要控制份量

材料2人份

豬絞肉 … 150g
豆苗 … 1袋（實重100g）
豆芽菜 … 1袋（200g）

A
┌ 蒜末 … 1瓣
│ 沙拉油 … 1/2大匙
└ 豆瓣醬 … 1/3小匙

B
┌ 味噌、燒酒 … 各1大匙
│ 砂糖 … 1/2小匙
└ 鹽、胡椒 … 各少許

製作方法

❶ 豆苗切去根部，再對切。

❷ 在平底鍋中放入A以中火加熱，待炒出香氣後加入絞肉，邊打散絞肉邊拌炒。待絞肉變色後，加入豆苗、豆芽菜拌炒，拌炒至蔬菜變軟後加入B，迅速地混合拌炒。

減醣tips

· 活用低醣類的豆苗、豆芽菜
· 高醣類的味噌與低醣類的食材搭配組合
· 使用零醣類的燒酒

辣味噌羊肉炒豆苗和豆芽菜

醣類 **4.4**g

材料2人份

雞絞肉 … 250g
羊栖菜芽 … 3g
蘿蔔 … 大型1/4根
　（300g）
小松菜 … 1把（200g）

A
┌ 蔥花 … 1/5根（20g）
│ 太白粉、芝麻油
│ 　… 各1/2大匙
└ 鹽 … 1/4小匙

B
┌ 高湯 … 5杯
│ 燒酒 … 1/4杯
│ 醬油 … 1/2大匙
└ 鹽 … 1小匙

製作方法

❶ 羊栖菜浸泡在水中15分鐘還原，瀝乾水分。蘿蔔切成1cm厚的半月型，小松菜切成5cm長段。

❷ 在缽盆中放入絞肉、羊栖菜、A，混拌至產生黏稠後，分成10等分，整合成圓形。

❸ 在鍋中放入B，加入蘿蔔以中火加熱。煮至沸騰後煮約7-8分鐘，加入②除去浮渣，再煮約5分鐘，加入小松菜略煮。

減醣tips

· 高醣類的蘿蔔與低醣類的食材搭配使用
· 使用零醣類的燒酒

羊栖菜雞肉丸鍋

醣類 **9.9**g

香菜雞絞肉棒

醣類 **2.5**g

材料2人份

雞絞肉 … 250g
香菜 … 1盒（40g）

A
太白粉 … 1/2大匙
鹽 … 1/3小匙
胡椒 … 少許

沙拉油 … 1/2大匙
檸檬 … 1/4個
薄荷 … 適量

製作方法

❶ 香菜切成粗末。

❷ 在缽盆中放入絞肉、香菜、A，混拌至產生黏稠。分成6等分，整合成長10cm左右的棒狀，用兩根竹籤刺入串起。

❸ 在平底鍋中放入沙拉油以中火加熱，放入②翻面地煎約2分鐘至金黃焦香。蓋上鍋蓋轉小火再燜煎約4分鐘。盛盤，搭配切成月牙狀的檸檬和薄荷葉。

減醣tips

· 用零醣類的鹽來調味，利用香菜的香味提鮮

白菜卷

醣類 **5.9**g

材料2人份

混合絞肉 … 150g
白菜 … 小型4片（250g）
金針菇 … 1袋（100g）

A
蛋液 … 1/2個
鹽 … 1/4小匙
胡椒 … 少許

B
百里香 … 2～3根
水 … 2又1/2杯
西式高湯粉 … 1/2大匙
鹽 … 1/3小匙
胡椒 … 少許

製作方法

❶ 在鍋中煮沸熱水，將白菜從芯開始放入燙煮至變軟後，取出置於網篩上放涼。用廚房紙巾拭去水分，白菜芯粗厚的部分用斜刀切除。金針菇切碎剝散。

❷ 在缽盆中放入絞肉、金針菇、A，混拌至產生黏稠後，分成4等分，整合成橢圓形。攤開白菜葉，將絞肉放上在靠近身體的位置，向外捲起一圈後將兩側向內折入，再捲至最末端，用牙籤固定。

❸ 在直徑18cm的鍋中放入②，加入B以中火加熱。煮至沸騰後轉為小火，略留間隙地蓋上鍋蓋，再煮約30分鐘。

減醣tips

· 高醣類的高麗菜以低醣類的白菜取代

· 絞肉配料用金針菇作出鬆軟口感，不使用高醣類的麵包粉

醣類 **4.6** g

羊肉咖哩醬
油炒青菜

材料2人份

羊肉薄片 … 150g
高麗菜 … 4～5片（200g）
糯米椒 … 10根（30g）
A ┌ 咖哩粉、醬油 … 各1小匙
　└ 鹽、胡椒 … 各少許
沙拉油 … 1/2大匙
B ┌ 醬油、燒酒 … 各1/2大匙
　│ 鹽 … 1/4小匙
　└ 胡椒 … 少許

製作方法

❶ 將A揉搓至羊肉薄片上。高麗菜切成一口大小，用刀尖劃切糯米椒。

❷ 在平底鍋放入沙拉油以中火加熱，放入羊肉薄片拌炒。待羊肉薄片變色後，加入高麗菜、糯米椒拌炒，待食材軟化後，加入B迅速混合拌炒。盛盤，依個人喜好撒放少許咖哩粉（用量外）。

（減醣tips）
· 羊肉薄片先調味，可以減少調味料的用量
· 使用零醣類的燒酒

網烤迷迭香風味
厚切羔羊肋排

醣類 **1.1**g

材料2人份

羔羊肋排 … 4支（400g）
鹽 … 1/3小匙
粗粒黑胡椒 … 少許
A ⎡ 迷迭香（葉片）… 2枝
　 ｜ 蒜泥 … 1/4瓣
　 ⎣ 橄欖油 … 1又1/2大匙
黃芥末 … 2小匙

製作方法

❶ 將鹽、胡椒撒在羔羊肋排上，揉搓A，置於室溫下15分鐘左右。

❷ 用大火加熱烤魚網架（雙面加熱），排放羔羊肋排後約烘烤10分鐘左右。盛盤，佐以黃芥末。

減醣tips

・用零醣類的鹽來調味，再以迷迭香增添風味

義式水煮鯛魚
(Acqua Pazza)

醣類 **4.0**g

材料2人份

鯛魚(肉片)… 2片(200g)
蛤蜊(完成吐砂)… 200g
蒜末… 小瓣
小番茄… 8個
黑橄欖… 8個
鹽… 1/4小匙
胡椒… 少許
橄欖油… 1大匙
平葉巴西利碎… 適量

製作方法

❶ 在鯛魚上撒鹽靜置約5分鐘,用廚房紙巾拭去水分,撒上胡椒。蛤蜊用外殼相互搓洗。

❷ 在平底鍋中倒入1/2大匙橄欖油以中火加熱,鯛魚皮朝下地放入。翻面煎約2分鐘至金黃焦香,在平底鍋邊放入大蒜拌炒。散發香氣後放入蛤蜊、小番茄、橄欖、1/2杯水,蓋上鍋蓋燜煮約3分鐘至蛤蜊開殼。

❸ 在②上以圈狀澆淋1/2大匙的橄欖油,以適量的鹽(用量外)來調味。盛盤,撒放平葉巴西利碎。

減醣tips

· 用零醣類的鹽和橄欖油來調味
· 高醣類的小番茄要注意用量

醣類 **1.3**g

醣類 **3.2**g

柚子醋醬汁的
半烤鰹魚

材料2人份

半烤鰹魚 … 1段（150g）　　薑絲 … 1小塊
茗荷 … 2個　　　　　　　　粉狀明膠 … 1/2小匙（1g）
青紫蘇葉 … 6片　　　　　　酸橙醋醬油 … 1又1/2大匙

製作方法

❶ 耐熱容器中放入1大匙熱水，撒入粉狀明膠充分混拌。加入酸橙醋醬油混拌，置於冷藏室1～2小時使其冷卻凝固。

❷ 鰹魚切成7～8mm的寬。茗荷、青紫蘇葉切成細絲。

❸ 盛盤依序略有層次的疊放半量的鰹魚、茗荷、薑絲、青紫蘇葉，再同樣地放上其餘半量。①的酸橙醋醬油凍，用叉子細細地攪散後，撒放在鰹魚上。

減醣tips

· 酸橙醋醬油的用量越多醣類含量越高，製作成凍狀可減少用量

奶油照燒鰤魚

材料2人份

鰤魚（魚片）… 2片　　　　鹽、胡椒 … 各少許
　（200g）　　　　　　　　　　醬油 … 1大匙
鴻禧菇 … 小盒（100g）　　A　奶油 … 10g
香菇 … 3個（45g）　　　　蘿蔔嬰 … 1/6盒
低筋麵粉 … 1小匙　　　　　　（實重約6g）
沙拉油 … 2小匙

製作方法

❶ 用茶葉濾網將低筋麵粉篩撒在鰤魚上。鴻禧菇切成小株，香菇切成4等分。

❷ 在平底鍋中放入1小匙沙拉油以中火加熱，放入鴻禧菇、香菇拌炒。待食材變軟後撒上鹽、胡椒混合拌炒，盛出。

❸ 在平底鍋中補入1小匙沙拉油以中火加熱，放入鰤魚。煎約2分鐘後翻面，轉為略小的中火，再煎約3分鐘。用廚房紙巾拭去多餘的油脂，加入A拌炒至奶油融化沾裹食材。盛盤，放入②搭配蘿蔔嬰。

減醣tips

· 用零醣類的奶油呈現濃郁，不使用高醣類的砂糖

· 用茶葉濾網篩撒高醣類的低筋麵粉以減少用量

起司炸鰤魚排

材料 2 人份

鰤魚（魚片）… 2片（200g）　低筋麵粉 … 1/2大匙
麵包粉 … 15g　　　　　　　蛋液 … 1/2個
起司粉 … 1大匙　　　　　　炸油 … 適量
鹽 … 1小撮　　　　　　　　生菜嫩葉 … 30g
胡椒 … 少許　　　　　　　　檸檬 … 1/8個

製作方法

❶ 用手掌將麵包粉搓細，與起司粉混合。

❷ 在鰤魚片表面撒上鹽、胡椒，用茶葉濾網薄薄地篩撒低筋麵粉。沾裹蛋液，撒上①。

❸ 在平底鍋中倒入約2cm高的炸油，加熱至170℃，放入②。不時翻面油炸約5分鐘，瀝乾油脂。切成方便食用的大小後盛盤，佐以生菜嫩葉以及切成月牙狀的檸檬片。

減醣tips

- 高醣類的麵包粉搓細，與低醣類的起司粉混合可控制用量
- 用茶葉濾網篩撒高醣類的低筋麵粉以減少用量
- 因醃漬的鹽和麵衣的起司粉調味，不需澆淋高醣類的醬汁

醣類 **7.2**g

韓風的拌竹筴魚和酪梨

材料 2 人份

竹筴魚（生魚片3片分切）　　　　芝麻油 … 1又1/2大匙
　… 2條（實重160g）　　　　味噌 … 1大匙
酪梨 … 1個　　　　　　　A　辣椒粉 … 1小匙
蔥花 … 3cm的用量　　　　　　鹽 … 1/4小匙
　（12g）　　　　　　　　紅葉生菜 … 1 ~ 2片
薑末 … 1/2小塊　　　　　　　（20g）
　　　　　　　　　　　　　青紫蘇葉 … 8片

製作方法

❶ 竹筴魚切碎與蔥花、薑末、A混合，用刀子細細剁碎。

❷ 酪梨去皮去核，切成1cm的塊狀。

❸ 混合①和②，盛盤。搭配撕成大塊的萵苣、青紫蘇葉，包捲食用。

減醣tips

- 不使用高醣類的韓式辣醬而改用辣椒粉
- 使用低醣類的酪梨來增加分量

醣類 **4.5**g

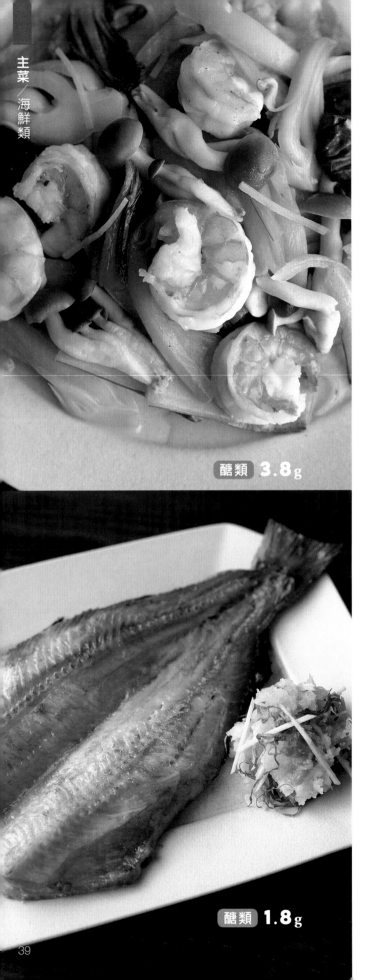

中華風味的蝦炒青江菜

材料2人份

鮮蝦 … 8隻（200g）
青江菜 … 小型2顆
　（250g）
鴻禧菇 … 1盒（100g）
薑絲 … 1小塊

A ⎡ 燒酒 … 2小匙
　⎢ 太白粉 … 1小匙
　⎣ 鹽、胡椒 … 各少許

沙拉油 … 1大匙

B ⎡ 燒酒 … 1大匙
　⎢ 雞湯粉 … 1小匙
　⎢ 鹽 … 1/4小匙
　⎣ 胡椒 … 少許

製作方法

❶ 鮮蝦去殼後在背部淺淺劃切，除去腸泥，揉搓A。青江菜切成4等分，根部帶芯的部分縱切成薄片。鴻禧菇切成小株。

❷ 在平底鍋中放入沙拉油以中火加熱，放入鮮蝦拌炒。待鮮蝦變色後放入青江菜莖、鴻禧菇、薑絲拌炒，待材料變軟後放入青江菜葉、B迅速混合拌炒。

減醣tips

・以低醣類的鹽調味，用雞湯粉呈現濃郁風味

糖類 **3.8**g

烤花魚佐蕪菁泥

材料2人份

風乾花魚 … 2片（400g）
蕪菁 … 1個（100g）
醃梅 … 小型1個（實重10g）
青紫蘇葉切絲 … 3片
薑絲 … 1/2小塊

製作方法

❶ 蕪菁磨成泥後以網篩瀝去水分。醃梅去籽切碎。

❷ 用大火加熱烤魚用網架（兩面烘烤），排放花魚烤約12分鐘至金黃焦香。盛盤，搭配混拌的①、青紫蘇葉、薑絲。

減醣tips

・活用魚類當中的低醣類魚乾

糖類 **1.8**g

醣類 **4.6**g

醣類 **5.2**g

蘑菇鮭魚佐胡椒醬油的奶油醬汁

材料2人份

鮭魚（魚片）… 2片
　（200g）
鴻禧菇 … 1盒
　（100g）
蒜末 … 1/2瓣
鹽、胡椒 … 各少許
低筋麵粉 … 1/2大匙

沙拉油 … 2小匙

A｜
　鮮奶油 … 1/2杯
　醬油 … 1小匙
　鹽、胡椒
　　… 各少許

青蔥的蔥花 … 2根
　（10g）

製作方法

❶ 鮭魚片撒鹽靜置5分鐘，用廚房紙巾拭去水分。撒上胡椒、以茶葉濾網薄薄篩撒低筋麵粉。鴻禧菇切成小株。

❷ 在平底鍋中放入沙拉油用較小的中火加熱，放入鮭魚。煎約3分鐘後翻面，再煎3分鐘，盛盤。

❸ 將②的平底鍋洗淨後，放入1小匙沙拉油、大蒜，以中火加熱。待散發香氣後，加入鴻禧菇拌炒至變軟，加入A。混合約煮2分鐘，待產生濃稠後，澆淋在②上，撒上蔥花。

減醣tips

· 奶油醬汁使用的是較牛奶更低醣類的鮮奶油

· 用茶葉濾網篩撒高醣類的低筋麵粉以減少用量

西班牙風味油醋鱈魚（Escabeche）

材料2人份

鱈魚（魚片）… 2片
　（200g）
紫洋蔥 … 1/2個
　（80g）
甜椒（黃）… 1/4個
　（實重25g）
鹽、胡椒 … 各少許

A｜
　黃豆粉 … 2小匙
　低筋麵粉 … 1小匙

B｜
　橄欖油 … 2大匙
　醋 … 2小匙
　鹽 … 1/4小匙
　胡椒 … 少許
橄欖油 … 3大匙

製作方法

❶ 鱈魚片撒鹽靜置5分鐘，用廚房紙巾拭去水分。撒上胡椒、篩撒A。沿著纖維將紫洋蔥切成薄片，甜椒縱向切成薄片。

❷ 將B放入方型淺盤中混拌，加入紫洋蔥、甜椒混合。

❸ 在平底鍋中放入橄欖油用較小的中火加熱，放入鱈魚。煎炸約3分鐘後翻面，再煎炸2分鐘。趁熱時放入②，使其入味。

減醣tips

· 麵衣中添加低醣類的黃豆粉，以抑制高醣類低筋麵粉的量

· 高醣類的洋蔥必須注意用量

· 醋或橄欖油等醃漬食材的"醋漬"，是活用低醣類調味料的烹調方法

主
菜
／
海
鮮
類

材料2人份

旗魚（魚片）… 2大片
　（250g）
櫛瓜 … 小型1條（100g）
薄檸檬圓片 … 2片
A［ 白酒 … 1大匙
　　鹽 … 1/4小匙
　　粗粒黑胡椒 … 少許

橄欖油 … 1小匙
鹽 … 少許
B［ 切碎的鯷魚
　　　… 2片（5g）
　　奶油（放至回復室溫）
　　　… 10g

製作方法

❶ 旗魚撒上A，放上檸檬靜置5分鐘。櫛瓜切成1cm寬的圓片。

❷ 在平底鍋中放入橄欖油以中火加熱，放入櫛瓜。煎至金黃焦香兩面共約3分鐘，取出後，撒上食鹽。

❸ 將②的平底鍋以中火加熱，放入旗魚和檸檬片。煎約2分鐘後翻面，用較小的中火煎3分鐘。盛盤，搭配②的櫛瓜再放上混合的B。

減醣tips
・利用低醣類的鯷魚和零醣類的奶油來增添濃郁的風味

材料2人份

鮭魚（魚片）… 2片（200g）
大蔥 … 1根（100g）
香菇 … 3個（60g）
水煮竹筍 150g
沙拉油 … 1小匙
A［ 高湯 … 1又1/2杯
　　柴魚風味醬油
　　　（3倍濃縮）… 2大匙
　　鹽 … 1/4小匙

製作方法

❶ 鮭魚切成一口大小，蔥切成5cm長。香菇對半切開，竹筍切成月牙形。

❷ 在平底鍋中放入沙拉油用較強的中火加熱，放入大蔥段，煎約2分鐘成金黃焦香。

❸ 在鍋中放入A，以中火加熱，煮至沸騰後放入鮭魚、②、香菇、竹筍。再次煮至沸騰，撈除浮渣，轉為較小的中火煮12～13分鐘。暫時熄火，放涼後，再次以中火加溫。

減醣tips
・不使用高醣類的味醂，而以美味的柴魚風味醬油來調味。但用量越多醣類含量也越高，所以添加零醣類的鹽以減少用量

鯷魚檸檬風味
香煎旗魚

蔥香風味的
煮鮭魚

醣類 **2.2**g

醣類 **6.2**g

材料2人份

鯖魚（魚片）… 2片（實重160g）
綠蘆筍 … 2根（40g）

A ┌ 燒酒 … 2小匙
  │ 柚子胡椒 … 1/2小匙
  └ 鹽 … 少許
B ┌ 太白粉、黃豆粉 … 各2小匙
炸油 … 適量
醋橘 … 1個

製作方法

❶ 鯖魚切成一口大小，沾裹上A。蘆筍用刮刀刮除根部堅硬部分，切成對半的長度。

❷ 在方型淺盤中倒入B，沾裹在鯖魚上。

❸ 在平底鍋中放入約1cm高的炸油加熱至180℃，放入蘆筍略微油炸，瀝乾油脂。接著在炸油中放入②，不時翻面煎炸約2分鐘，瀝乾油脂。將鯖魚和蘆筍盛盤，佐以對半切開的醋橘。

減醣tips

· 鯖魚醃漬調味，使用的是低醣類的柚子胡椒和零醣類的燒酒

· 麵衣中添加了低醣類的黃豆粉，以抑制高醣類太白粉的用量

柚子胡椒的
龍田炸鯖魚

醣類 **3.2**g

材料2人份

旗魚（魚片）… 2大片（250g）
白菜泡菜 … 30g
鹽、胡椒 … 各少許

A ┌ 美乃滋 … 2大匙
  └ 味噌 … 1/2小匙
蔥絲 … 5cm長（10g）
辣椒粉 … 少許

製作方法

❶ 旗魚表面撒上鹽、胡椒。白菜泡菜切碎。

❷ 在A中加入白菜泡菜，混合拌勻。

❸ 在烤盤上鋪放鋁箔紙，排放旗魚，並均等地放上②。放入預熱過的烤箱烘烤約10分鐘，盛盤。搭配蔥絲並撒上辣椒粉。

減醣tips

· 在高醣類的味噌中搭配低醣類的美乃滋

泡菜味噌美乃滋
烤旗魚

醣類 **2.3**g

海鮮類的風味鍋

醣類 **7.5**g

材料 2 人份

鮮蝦 … 8 隻（200g）
蛤蜊（完成吐砂）… 300g
豆苗 … 1 袋（實重 100g）
黃豆芽 … 1 袋（實重 200g）

A ┌ 大蒜薄片 … 2 瓣
  │ 紅辣椒小圓片 … 2 根
  │ 水 … 5 杯
  │ 魚露 … 2 大匙
  └ 雞湯粉 … 1 大匙

檸檬圓薄片 … 1/2 個
香菜 … 1 盒（60g）

製作方法

❶ 鮮蝦去殼僅留尾端，劃切蝦背除去腸泥。蛤蜊用外殼相互搓洗。豆苗切除根部，切成對半的長度。

❷ 在鍋中放入 A 以中火加熱，煮至沸騰後放入鮮蝦、蛤蜊，煮至蛤蜊開殼。加入黃豆芽、豆苗略煮，放上檸檬和切碎的香菜。

減醣 tips

· 活用大量低醣類的黃豆芽和豆苗

· 雞湯粉的用量越多醣類含量就越高，所以要注意用量

材料2人份

鯛魚（生魚片）… 1片（150g）		蒜泥、鹽 … 各少許
蘿蔔 … 大型 1/10根（120g）	**A**	醬油 … 1大匙
小黃瓜 … 1根（100g）		芝麻油 … 1/2大匙
核桃（烘烤過的）… 15g		
番茄 … 1/2個（60g）		

製作方法

❶ 鯛魚斜向片切成薄片。蘿蔔、小黃瓜切成細絲，核桃切成粗粒。

❷ 番茄磨成泥，與**A**混拌。

❸ 蘿蔔、小黃瓜粗略混拌後盛盤，放上鯛魚片。澆淋上②，撒上核桃粒。

減醣tips

· 高醣類的番茄作為醬汁要控制用量

· 使用堅果中低醣類的核桃提味

材料2人份

花枝 … 1隻（實重200g）		紅辣椒（去籽）… 1根
蛤蜊（完成吐砂）… 200g		沙拉油 … 1/2大匙
蒔蘿 … 4枝（6g）	**A**	燒酒 … 2大匙
香菜 … 1/2包（20g）		魚露 … 1小匙
蒜末 … 1瓣		萊姆 … 1/2個

製作方法

❶ 花枝拉出內臟和鬚腳清洗。除去身體軟骨後切成1cm寬的圈狀，鬚腳2隻分切成一塊。蛤蜊用外殼相互搓洗。蒔蘿摘除葉尖，香菜切成段。

❷ 在平底鍋中放入沙拉油，加進大蒜、紅辣椒，以中火加熱，待散發香氣後，加入蛤蜊、花枝迅速拌炒。圈狀澆淋**A**，蓋上鍋蓋煮至蛤蜊開殼約燜蒸3～4分鐘。

❸ 將②盛盤，放上混合的蒔蘿、香菜，搭配萊姆。

減醣tips

· 使用零醣類的燒酒

· 用低醣類的魚露調味

鯛魚生魚片沙拉　　醣類 **4.8g**

越式蒸花枝與蛤蜊　　醣類 **1.0g**

醋橘漬烤柳葉魚 醣類 **4.0**g

粕漬魪魠魚 醣類 **4.2**g

材料2人份

柳葉魚 … 小型10條
　（約100g）
洋蔥 … 1/4個（50g）
醋橘 … 1個

A［
高湯 … 1/2杯
醬油 … 1小匙
砂糖 … 1/2小匙
鹽 … 1/4小匙
］
沙拉油 … 1小匙

製作方法

❶ 洋蔥沿著纖維切成薄片，醋橘切成薄圓片。

❷ 在方型淺盤中放入A混合，再加入①混拌。

❸ 在平底鍋中放入沙拉油以中火加熱，排放入柳葉魚。用廚房紙巾拭去多餘的油脂，兩面共煎約4分鐘左右，趁熱放入②當中，使其入味（※柳葉魚，用烤魚網架＜兩面烘烤＞也OK）。

減醣tips

・ 柳葉魚不沾裹高醣類的麵衣，而是直接煎烤

・ 用醋橘的酸來提味，以抑制高醣類含量的調味料

材料2人份

魪魠魚（魚片）… 2片
　（160～200g）
酒粕 … 30g

A［
味噌 … 1小匙
醬油、鹽 … 各1/2小匙
］
沙拉油 … 1小匙
糖醋薑片 … 10g

製作方法

❶ 撕開酒粕放入缽盆中，加入2大匙熱水使其軟化。加入A，混拌成滑順狀態。

❷ 在魪魠魚上塗滿①用保鮮膜包覆，放入冷藏室醃漬一夜。

❸ 洗去②的醃醬後，以廚房紙巾拭去水分。在平底鍋中倒入沙拉油以較小的中火加熱，放進魪魠魚，煎約2分鐘後翻面，用小火煎約4分鐘。盛盤，佐以糖醋薑片。

減醣tips

・ 魪魠魚的醃醬去除後再煎，可以抑制醣類

・ 味噌用量一旦越多醣類含量越高，所以加入零醣類的鹽來抑制份量

糖類 **5.2**g

白麻婆豆腐

材料2人份

木綿豆腐 … 1塊（300g）

豬絞肉 … 100g

蒜末 … 1/2瓣

薑末 … 1/2小塊

沙拉油 … 1/2大匙

A
- 水 … 2/3杯
- 雞湯粉、柚子胡椒 … 各1小匙
- 鹽 … 1/4小匙

B
- 水 … 2小匙
- 太白粉 … 1小匙

芝麻油 … 少許

花椒 … 適量

製作方法

❶ 豆腐切成2cm的塊狀，用廚房紙巾拭去水分。

❷ 在平底鍋中放入沙拉油、蒜末、薑末以中火加熱，待散發香氣後，加入絞肉攪散拌炒。待絞肉變色後，加入**A**混合拌炒，煮沸後加入①煮3～4分鐘。

❸ 在②當中加入**B**的太白粉水，使其產生濃稠，圈狀滴入芝麻油，撒上花椒。

減醣tips

・捨棄醣類含量高的甜麵醬或醬油，改以低醣類的鹽調味

46

主菜／豆腐・大豆製品

豆腐酪梨漢堡

醣類 **5.3**g

材料2人份

絹豆腐 … 1塊（300g）
雞胸肉 … 2條（100g）
酪梨 … 1個
鹽 … 少許

A
蒜末、薑末 … 1/2瓣（小塊）
白芝麻醬 … 1又1/2大匙
醬油 … 1大匙
醋 … 1小匙
豆瓣醬 … 1/2小匙

製作方法

❶ 除去雞胸肉的筋膜。在鍋中煮沸熱水，放入鹽、雞胸肉，轉為較小的中火，燙煮3分鐘左右。取出冷卻，撕成方便食用的大小（※燙煮湯汁取出2小匙備用）。

❷ 豆腐瀝乾水分，對半橫切，再切成1cm的寬度。酪梨縱向對切，去皮去核，切成1cm的寬度。

❸ 將②交替地盛盤，再放上①，混合A與取出備用的燙煮湯汁，澆淋後享用。

減醣tips

· 活用低醣類的酪梨與芝麻醬

炸羊栖菜豆腐

醣類 **5.6**g

材料2人份

木綿豆腐 … 1塊（300g）
羊栖菜芽 … 3g
冷凍毛豆 … 60g（實重30g）

A
蛋液 … 1/2個
太白粉 … 1/2大匙
鹽 … 1/4小匙

炸油 … 適量

B
熱水 … 2大匙
柴魚風味醬油（3倍濃縮）… 1大匙

製作方法

❶ 豆腐瀝乾水分。羊栖菜浸泡於水中15分鐘還原，瀝乾水分。解凍毛豆，剝出豆子。

❷ 在缽盆中放入豆腐，確實搗碎，加入羊栖菜、毛豆、A混拌。

❸ 在平底鍋中倒入2～3cm的炸油，加熱至170℃。用兩隻湯匙將②每次舀起1/8量，整形後放入鍋中。不時翻面油炸約5分鐘，瀝乾油脂，盛盤，搭配B食用。

減醣tips

· 活用蛋液結合食材，以抑制高醣類太白粉的用量

明太子美乃滋焗烤豆腐菠菜

醣類 **4.8**g

材料2人份

木綿豆腐 … 1塊（300g）
菠菜 … 1把（200g）
小番茄 … 3個
辣味明太子 … 1條（70g）
鹽 … 1/4小匙
胡椒 … 少許

A
沙拉油 … 1/2大匙
鹽 … 1小撮

美乃滋 … 適量

製作方法

❶ 在鍋中煮沸熱水，從菠菜莖開始放入迅速汆燙，過冷水冷卻。擰乾水分後，切成5cm的長段，與A混拌。

❷ 豆腐瀝乾水分切成一口大小，撒上鹽、胡椒。小番茄切成4等分，辣味明太子除去薄膜攪散。

❸ 粗略地混拌①、②，放入耐熱盤上，細細地將美乃滋絞擠於其上。放入預熱過的烤箱，烘烤約10分鐘至美乃滋呈金黃焦香為止。

減醣tips

· 用零醣類的鹽和低醣類的美乃滋來調味
· 高醣類的小番茄要注意用量

涼拌豆腐茄子 醣類 **6.6**g

材料2人份

絹豆腐 … 1塊（300g）
茄子 … 2根（160g）
火腿 … 3片（60g）
榨菜（調味）… 30g
A
芝麻油 … 1又1/2大匙
醬油 … 1大匙
醋 … 1/2大匙
膏狀芥末 … 1/3小匙
鹽 … 1小撮
炒過的白芝麻 … 1/2小匙

製作方法

❶ 用廚房紙巾擦拭豆腐的水分，切成1cm的寬度。以刮皮刀條狀的刮下茄子的表皮，用保鮮膜包覆每條茄子，放入微波爐加熱3分鐘左右。過冰水冷卻，以廚房紙巾拭去水分並撕成適合食用的大小。火腿切細絲，榨菜切成絲。

❷ 將豆腐盛盤，混合茄子、火腿、榨菜後放上。澆淋上A，撒上白芝麻。

減醣tips

· 用零醣類的榨菜呈現風味，以抑制使用高醣類的調味料

材料2人份

木綿豆腐 … 1塊（300g）
水煮蛋 … 2個
綠花椰 … 1/3顆（80g）
鹽 … 適量
粗粒黑胡椒 … 少許
起司粉 … 1又1/2大匙
橄欖油 … 1大匙
番茄醬 … 2小匙

製作方法

❶ 豆腐瀝乾水分，切成一半厚度，撒上鹽少許、黑胡椒，沾裹上起司粉。切開水煮蛋，綠花椰分成小株。在鍋中煮沸熱水，加少許的鹽和綠花椰燙煮約2分30秒，用網篩瀝乾水分。

❷ 在平底鍋中放入橄欖油以中火加熱，放入豆腐。煎約3分鐘至金黃焦香，翻面再煎約2分鐘。

❸ 將②盛盤，在以水煮蛋和綠花椰。將番茄醬裝入塑膠袋內，小小地剪下袋角，細細地擠在豆腐上。

減醣tips

· 不使用高醣類的麵粉而沾裹低醣類起司粉
· 高醣類的番茄醬裝入塑膠袋內細細的擠，注意用量

香煎起司豆腐排 醣類 **3.9**g

豆腐炒鹽漬牛肉 醣類 **3.8**g

材料2人份

木綿豆腐 … 1塊（300g）
鹽漬牛肉罐頭 … 1罐（100g）
韭菜 … 1/3把（30g）
豆芽菜 … 1/2袋（100g）
沙拉油 … 1大匙
A
燒酒 … 1大匙
醬油 … 1小匙
鹽 … 1小撮
柴魚片 … 1小袋（3g）

製作方法

❶ 豆腐瀝乾水分，撕成一口大小。攪散鹽漬牛肉罐頭，韭菜切成5cm的長段。

❷ 在平底鍋中放入沙拉油以中火加熱，放入豆腐。將兩面煎至金黃焦香，加入鹽漬牛肉罐頭拌炒。待全體沾裹油脂後，加入A粗略拌炒，放進豆芽菜、韭菜、半量的柴魚片，迅速地拌炒。盛盤，撒上其餘的柴魚片。

減醣tips

· 利用零醣類的柴魚片提升風味

番茄美乃滋炒豆腐與香腸

醣類 **6.0**g

材料2人份

木綿豆腐 … 1塊
（300g）
維也納香腸 … 4根
（80g）
青椒 … 小型2個
（實重40g）
鹽、胡椒 … 各少許
橄欖油 … 1/2大匙
A ⎰ 蒜泥 … 少許
　　番茄醬、芥末籽醬
　　… 各1/2大匙

製作方法

❶ 豆腐瀝乾水分，切成1cm寬，撒上鹽、胡椒。香腸縱向對切，青椒縱切成1cm寬。

❷ 在平底鍋中放入橄欖油以中火加熱，放入豆腐。將兩面煎至金黃焦香，暫時先取出。

❸ 以中火加熱②的平底鍋，拌炒香腸。炒至焦香後放入青椒，迅速拌炒，再將②放回鍋中。加入A，迅速混合拌炒。

減醣tips

· 用低醣類的芥末籽醬提味，以抑制高醣類番茄醬的用量

材料2人份

木綿豆腐 … 1小塊
（200g）
培根（片狀）… 4片
（70g）
鹽、胡椒 … 各少許
沙拉油 … 1小匙
A ⎰ 伍斯特醬汁
　　… 1大匙
　　奶油 … 10g
紅薑 … 10g
青海苔 … 適量

製作方法

❶ 豆腐瀝乾水分，從邊緣開始切成8等分。培根切成對半的長度。

❷ 在豆腐表面撒上鹽、胡椒，各別用1片培根包捲。

❸ 在平底鍋中放入沙拉油以中火加熱，將②的收口接合處朝下地放入鍋中。使接合處貼合黏著地煎2分鐘，翻面再煎1～2分鐘，加入A，使奶油融化並沾裹。盛盤，在以紅薑並撒上青海苔。

減醣tips

· 用低醣類且具鹽味的培根包捲，以抑制高醣類醬汁的用量

屋台風味的培根捲豆腐

醣類 **3.5**g

豆腐的滑菇蟹肉羹

醣類 **6.3**g

材料2人份

絹豆腐 … 1塊（300g）
蟹味棒 … 4根（40g）
滑菇 … 1袋（100g）
A ⎰ 水 … 1杯
　　柴魚風味醬油（3
　　倍濃縮）… 1大匙
　　鹽 … 1小撮
青蔥的蔥花 … 2根
（10g）

製作方法

❶ 豆腐瀝乾水分，切成6等分。蟹味棒粗略剝散，用水沖洗滑菇後瀝乾水分。

❷ 在鍋中放入A，以中火加熱，煮至沸騰後，加入①。改較小的中火煮約5分鐘，盛盤撒放蔥花。

減醣tips

· 〝勾芡〞是利用滑菇的黏滑顯現稠度，而不使用高醣類的太白粉

· 高醣類的蟹味棒必須注意用量

油豆腐披薩

材料2人份

油豆腐… 2片（40g）
培根（片狀）… 2片（35g）
洋蔥… 1/8個（25g）
青椒… 小型2個
（實重20g）
A ┌ 番茄泥… 1大匙
　└ 橄欖油… 1小匙
披薩用起司… 80g

醣類 2.1g

減醣tips

- 高醣類的番茄醬以低醣
  類的番茄泥取代
- 高醣類的披薩皮，
  則用零醣類的油
  豆腐來代用

製作方法

❶ 培根切成1cm寬。洋蔥沿著纖維切成
　薄片，青椒切成薄圓片。

❷ 在烤盤上舖放鋁箔紙，排放油豆腐。將
　A均勻刷塗，撒上①，再放上披薩用起
　司。放入預熱過的烤箱中，烘烤至起司
　變成金黃焦香為止，約8～9分鐘。

雞絞肉油豆腐皮

醣類 1.1g

減醣tips

- 活用零醣類的油豆腐、雞絞肉
- 醬油用量越多醣類越高，因此加
  入零醣類的鹽以減少用量

材料2人份

油豆腐… 2片（40g）
雞絞肉… 200g
A ┌ 青蔥的蔥花… 4根（20g）
　├ 蛋液… 1/2個
　├ 燒酒、醬油… 各1/2大匙
　└ 鹽… 1/4小匙
沙拉油… 1小匙
蔥花… 3cm長（10g）
醬油… 1小匙

製作方法

❶ 將1片油豆腐分切成3等分。
　在缽盆中放入雞絞肉、A混拌
　至產生黏稠為止。

❷ 將絞肉餡分成6等分，均勻放
　在油豆腐表面。

❸ 在平底鍋中放入沙拉油以略小
　的中火加熱，將②的肉餡朝下
　並排在平底鍋中，用鍋鏟按
　壓。待煎3分鐘左右至金黃焦
　香後，翻面，蓋上鍋蓋轉小火
　煎約3分鐘。盛盤，放上蔥
　花，澆淋醬油。

芥菜雞蛋炒油豆腐與火腿

醣類 **1.5**g

材料2人份

厚片油豆腐 … 1塊（200g）
火腿 … 2片（30g）
雞蛋 … 2個
醃芥菜 … 40g
鹽、胡椒 … 各少許
沙拉油 … 1大匙
醬油 … 1/2小匙
炒香白芝麻 … 1/2大匙

製作方法

❶ 油豆腐厚片橫向對切後再切成1cm的寬度，火腿切成扇形。攪散雞蛋，加入鹽、胡椒混拌。

❷ 在平底鍋中放入1/2大匙沙拉油，以略強中火加熱，倒入蛋液。拌炒至半熟狀態暫時取出。

❸ 在②平底鍋中再補入1/2大匙的沙拉油以中火加熱，放入厚片油豆腐，煎至兩面金黃焦香為止。加入火腿、醃芥菜、醬油、白芝麻迅速拌炒，將②倒回鍋中拌炒。

減醣tips
・用低醣類的醃芥菜提味，以抑制高醣類調味料的用量

材料2人份

厚片油豆腐 … 1塊（200g）
青椒 … 小型5個
沙拉油 … 1小匙
A ┌ 水 … 1又1/4杯
　│ 柴魚風味醬油（3倍濃縮）… 1又1/2大匙
　└ 鹽 … 1/4小匙
柴魚片 … 1小袋（3g）

製作方法

❶ 厚片油豆腐縱向對切，再斜向片成2片。

❷ 在平底鍋中放入沙拉油以中火加熱，放入厚片油豆腐、青椒。不時翻面煎3～4分鐘，加入A蓋上鍋蓋，轉小火。煮約5分鐘後，暫時熄火，冷卻使其入味。再次以中火加溫，撒入柴魚片混拌。

減醣tips
・利用零醣類柴魚片，使味道附著在食材上

油豆腐燉煮青椒

醣類 **3.3**g

味噌鮪魚烤油豆腐

醣類 **2.2**g

材料2人份

厚片油豆腐 … 1塊（200g）
鮪魚罐 … 1小罐（70g）
鹽、胡椒 … 各少許
A ┌ 薑泥 … 1/2小塊
　│ 味噌 … 2小匙
　└ 砂糖、芝麻油 … 各1/2小匙
蔥絲 … 6cm長（20g）
青紫蘇葉的細絲 … 2片

製作方法

❶ 厚片豆腐將其厚度對半分切，撒上鹽、胡椒。

❷ 在缽盆中混拌A和瀝乾罐頭湯汁的鮪魚，混合拌勻。

❸ 在烤盤表面鋪放鋁箔紙，排放厚片油豆腐，將②等量地盛放在油豆腐上。放入預熱過的烤箱中，烘烤約8分鐘左右，分切成容易食用的大小。盛盤，佐以青蔥和青紫蘇葉。

減醣tips
・用零醣類的芝麻油來增添濃郁，以減少使用高醣類的砂糖

舒芙蕾蛋卷

醣類 0.3g

材料2人份

雞蛋⋯2個
鹽⋯1小撮
胡椒⋯少許
奶油⋯20g
生菜嫩葉⋯30g

製作方法

❶ 分開雞蛋的蛋白和蛋黃。將蛋白放入大的缽盆中,用手持電動攪拌機打發至尖角直立狀的蛋白霜。加入蛋黃、鹽、胡椒,用手持電動攪拌機約略混合。

❷ 在直徑18cm的平底鍋中放入10g奶油,以中火加熱,倒入①的一半用量。蓋上鍋蓋轉為小火,煎約2分鐘,以鍋鏟對折後,盛盤。其餘的半量也同樣地煎成蛋卷,佐以生菜嫩葉。

減醣tips

· 零醣類的奶油,即使大量使用也OK

水煮蛋和鮭魚的日常沙拉

醣類 2.3g

材料2人份

水煮蛋⋯3個
煙燻鮭魚⋯6片(60g)
綠花椰⋯1/2顆(120g)
核桃(烘烤過)⋯20g
鹽⋯少許

A [美乃滋⋯2大匙
原味優格⋯1大匙
鹽⋯1小撮
胡椒⋯少許]

製作方法

❶ 水煮蛋分成4等分,核桃切成3~4等分。

❷ 綠花椰分成小株,太大時則再縱向分切,莖部去皮切成5mm厚的圓片。鍋中煮沸熱水,放入鹽、綠花椰燙煮2分鐘30秒左右,以濾網撈出後放涼。

❸ 在缽盆中放入A、①、②、煙燻鮭魚,混拌。

減醣tips

· 用低醣類的美乃滋、優格來調味

主菜／雞蛋

蝦仁豆芽菜的中式雞蛋

醣類 **5.1**g

材料2人份

雞蛋 … 3個
蝦仁 … 150g
豆芽菜 … 1袋（200g）
鹽、胡椒 … 各適量
沙拉油 … 1大匙

A ┌ 水 … 1/3杯
　├ 醬油、醋 … 各1大匙
　├ 太白粉 … 1小匙
　├ 雞湯粉、砂糖 … 各1/2小匙
　└ 鹽 … 少許
芝麻油 … 少許

製作方法

❶ 雞蛋攪散後，各加入少許鹽、胡椒混拌。平底鍋中放入1/2大匙的沙拉油，用略大的中火加熱，拌炒豆芽菜。待食材變軟後，加入少許鹽、胡椒調味，盛盤。

❷ 在①的平底鍋中再補入1/2大匙的沙拉油，以中火加熱，拌炒蝦仁。待蝦仁變色後倒入蛋液，用杓子翻拌使其成為半熟狀後，放上在豆芽菜上。

❸ 將②的平底鍋洗淨後，放入A。以中火加熱混拌熬煮至產生濃稠為止，滴入芝麻油，澆淋在②上。

減醣tips
· 使用太白粉〝勾芡〞的醣類含量高，所以用低醣類的食材和調味料來搭配組合

材料2人份

雞蛋 … 3個
韭菜 … 1/3把（30g）
蟹肉棒 … 3根（30g）
鹽、胡椒 … 各少許
沙拉油 … 1/2大匙
韓式辣椒醬 … 1小匙

製作方法

❶ 韭菜切成4cm長，蟹味棒粗略剝散。

❷ 攪散雞蛋，加入鹽、胡椒混拌。加入①混合拌勻。

❸ 在平底鍋中放入沙拉油以中火加熱，倒入②，用杓子大動作混拌。待呈半熟狀態時，用鍋鏟將材料推平二面煎。切成方便食用的大小，盛盤，搭配韓式辣椒醬。

減醣tips
· 不使用高醣類的麵粉，作成韓式煎餅風味的煎蛋
· 高醣類的韓式辣椒醬必須注意用量

韓式煎餅風格的韭菜烘蛋

醣類 **3.1**g

五目綜合煎蛋

醣類 **4.4**g

材料2人份

雞蛋 … 4個
雞胸肉 … 2片（100g）
香菇 … 2個（30g）
紅蘿蔔 … 1/5根（30g）
菠菜 … 1/2把（100g）
蔥末 … 1/4（25g）
鹽 … 少許
沙拉油 … 1大匙

A ┌ 燒酒 … 1大匙
　├ 味醂 … 1/2大匙
　├ 醬油 … 1小匙
　└ 鹽 … 1/4小匙

製作方法

❶ 除去雞胸肉的白色筋膜，切成1.5cm的塊狀。香菇、紅蘿蔔切成1cm塊狀，菠菜切成1cm寬。攪散雞蛋，加入鹽混拌。

❷ 在平底鍋中倒入1/2大匙的沙拉油，以中火加熱，倒入蛋液。拌炒至半熟狀態後，暫時先取出。

❸ 在②的平底鍋中再補入1/2大匙的沙拉油以中火加熱，放入雞胸肉、香菇、紅蘿蔔。紅蘿蔔拌炒4～5分鐘至竹籤可以輕易刺穿為止，加入菠菜拌炒至變軟。加入A使全體均勻地拌炒，加入②、蔥末迅速混合拌炒。

減醣tips
· 味醂、醬油的用量越多醣類含量越高，所以添加零醣類的鹽來抑制其用量

材料2人份

雞蛋 ⋯ 3個
豬五花薄片 ⋯ 100g
黃豆芽 ⋯ 1/2袋（100g）
白菜泡菜 ⋯ 50g

A
- 水 ⋯ 1/2杯
- 柴魚風味醬油（3倍濃縮）⋯ 1又1/2大匙
- 鹽 ⋯ 1小撮

青蔥 ⋯ 2根（10g）
辣椒粉 ⋯ 少許

製作方法

❶ 豬肉切成5cm長。雞蛋攪散備用。

❷ 在略小的平底鍋中放入**A**，以中火加熱，沸騰後散放入豬肉片。待豬肉變色後，轉略小的中火，加入黃豆芽，待變軟後再煮約3分鐘。轉為中火放入泡菜，圈狀澆淋上蛋液。

❸ 蓋上鍋蓋，加熱至蛋液呈半熟狀態後，盛盤。在以斜切成薄片的青蔥，撒上辣椒粉。

減醣tips

・用低醣類的豬肉來增量

滑蛋泡菜豬五花
醣類 **2.8**g

照燒豬肉包蛋

材料2人份

水煮蛋 ⋯ 3個
豬肉薄片 ⋯ 6片（100g）
萵苣 ⋯ 30g
小黃瓜 ⋯ 1/2根
低筋麵粉 ⋯ 1小匙
沙拉油 ⋯ 1大匙

A
- 番茄泥、醬油 ⋯ 各1大匙
- 奶油 ⋯ 10g
- 水 ⋯ 1/2大匙
- 鹽、胡椒 ⋯ 各少許

減醣tips

・使用低醣類的番茄泥

製作方法

❶ 萵苣撕成一口大小、小黃瓜用刮皮刀刮成薄片。

❷ 攤開2片豬肉，包捲入1顆水煮蛋。其餘的材料也同樣地包捲成圓形，薄薄地撒上低筋麵粉。

❸ 在平底鍋中放入沙拉油以中火加熱，將②的接合處朝下放入鍋中。使接合處貼地煎煮約2分鐘，邊轉動食材邊均勻煎全體，蓋上鍋蓋。轉小火，燜蒸3分鐘，用廚房紙巾拭去多餘的油脂。加入**A**，以大火煮至沸騰，光澤地沾裹醬汁。切半後盛盤，澆淋上鍋中剩餘的醬汁，搭配粗略混拌的①。

醣類 **3.7**g

材料3~4人份

雞蛋 ⋯ 4個
綠花椰 ⋯ 小型1/2顆（100g）
維也納香腸 ⋯ 3根（45g）
水煮大豆罐頭 ⋯ 1/2罐（60g）
鹽 ⋯ 少許

A
- 美乃滋 ⋯ 1大匙
- 鹽 ⋯ 1/4小匙
- 胡椒 ⋯ 少許

橄欖油 ⋯ 1/2大匙

製作方法

❶ 綠花椰分成小株。在鍋中煮沸熱水，放入鹽、綠花椰燙煮2分鐘，用濾網撈起放涼。維也納香腸切成1cm寬的圓片。

❷ 攪散雞蛋，依序加入**A**、①、水煮大豆，每次加入後都混拌均勻。

❸ 在直徑18cm的平底鍋中倒入橄欖油以中火加熱，倒入②。用杓子大動作混拌至半熟狀態，蓋上鍋蓋，以小火燜蒸約3分鐘。翻面後再次蓋上鍋蓋，燜蒸4分鐘左右，切成方便食用的大小。

減醣tips

・使用低醣類的美乃滋，享用膨鬆的口感

豆子與綠花椰的西班牙風味蛋卷
醣類 **0.9**g

材料 4 人份

雞蛋 … 4 個
納豆 … 2 盒（100g）

A
- 高湯 … 2 大匙
- 納豆盒內的醬汁 … 2 盒的量
- 鹽 … 1 小撮

奶油 … 20g
蘿蔔泥 … 80g
青紫蘇葉細絲 … 3 片
酸橙醋醬油 … 1 大匙

製作方法

❶ 蛋充分攪散後，加入納豆、**A** 混拌。

❷ 在直徑 18cm 的平底鍋內放入奶油，以中火加熱，待奶油融化後倒入①。用杓子大動作混拌至呈半熟狀態後，推至平底鍋邊，迅速地整合成蛋卷狀。

❸ 將②翻面後盛盤，覆蓋廚房紙巾整理形狀。放上瀝乾水分的蘿蔔泥、青紫蘇，澆淋上酸橙醋醬油。

減醣tips

· 酸橙醋醬油的用量越多醣類含量也越高，所以必須注意

和風納豆蛋卷

醣類 **2.3**g

雞蛋炒香腸和菠菜

材料 2 人份

雞蛋 … 3 個
維也納香腸 … 4 根（60g）
菠菜 … 1 把（200g）
洋蔥 … 1/2 個（100g）

A
- 美乃滋 … 1 大匙
- 鹽、胡椒 … 各少許

沙拉油 … 1 大匙
鹽、胡椒 … 各少許

製作方法

❶ 雞蛋攪散，加入 **A** 混拌。維也納香腸斜切成薄片。菠菜切成 5cm 長，洋蔥與纖維垂直地切成 1cm 寬。

❷ 在平底鍋中放入 1/2 大匙沙拉油，用略大的中火加熱，倒入蛋液。用杓子大動作混拌至蛋液呈半熟狀態時，暫時取出。

❸ 在②的平底鍋中加入 1/2 大匙的沙拉油，以中火加熱，放入洋蔥拌炒至金黃焦香約 2 分鐘左右。加入菠菜、維也納香腸迅速拌炒，將②放回鍋中混拌。以鹽、胡椒調整風味。

減醣tips

· 以低醣類的美乃滋調味

醣類 **5.3**g

材料 2 人份

雞蛋 … 2 個
火腿 … 3 片（45g）
番茄 … 小型 1 個（80g）
鹽、胡椒 … 各少許
低筋麵粉 … 1/2 小匙

A
- 巴西利碎 … 1 小匙
- 橄欖油 … 1 又 1/2 大匙
- 鹽 … 1 小撮
- 胡椒 … 少許

沙拉油 … 1/2 大匙
萵苣絲 … 1～2 片（50g）

製作方法

❶ 雞蛋攪散，加入鹽、胡椒混拌。火腿切半，用茶葉濾網篩撒低筋麵粉。

❷ 番茄切成 1cm 的塊狀，加入 **A** 混拌。

❸ 在平底鍋中放入沙拉油以中火加熱，火腿沾裹蛋液後排入鍋中，煎兩面。重覆相同步驟至蛋液使用完畢。盛盤置於舖滿萵苣絲的盤中，澆淋②。

減醣tips

· 用茶葉濾網篩撒高醣類的低筋麵粉，以減少用量
· 高醣類的番茄搭配低醣類調味料

雞蛋火腿佐新鮮番茄醬汁

醣類 **2.9**g

主食湯品、輕食湯品

配合每日的食譜，
選擇各式各樣的湯品或湯
讓減醣的美味料理
有令人滿足的堅強陣容！
從可以作為主食、料多味美的湯品
到可簡單完成的清爽湯類，
還有豐富變化組合的味噌湯。
藉著溫暖的湯，
讓人更能享受到用餐時光的溫暖舒心。

主食湯品

醣類 **7.4**g

湯咖哩

材料 2 人份

雞腿翅 … 4 隻（240g）
茄子 … 1 根（80g）
青椒 … 1 個（實重 30g）
甜椒（黃）… 1/4 個（實重 25g）
沙拉油 … 1 大匙

A 蒜末 … 1/2 瓣
咖哩粉、孜然 … 各 1/2 小匙

B 水 … 2 又 1/2 杯
西式高湯粉 … 1 小匙

咖哩塊 … 20g
鹽、黑胡椒 … 各少許
綜合辛香料（Garam masala）… 適量

製作方法

① 雞腿翅沿著骨頭劃入切紋。茄子、青椒縱切成 4 條，甜椒縱切成 4 等分。

② 在鍋中放入沙拉油，以略大的中火加熱，放入①，翻面地煎至金黃焦香。暫先取出除了雞腿翅之外的材料，加入 A 迅速拌炒混合，再加入 B。煮至沸騰後蓋上鍋蓋，轉小火約煮 30 分鐘。

③ 熄火，加入咖哩塊使其溶化。再次以中火加熱，將蔬菜放回鍋中，再次加熱以鹽、胡椒調味。依個人喜好添加綜合辛香料，調整味道。

減醣 tips

· 咖哩塊的用量越多醣類含量也越高，添加綜合辛香料來減少用量。

巧達鮭魚湯 醣類 **7.6**g

義式蔬菜濃湯
（Minestrone） 醣類 **5.7**g

材料2人份

鮭魚（魚片）… 2小片（160g）
洋蔥 … 1/4個（50g）
甜椒（黃）… 1/2個（實重50g）
蕪菁 … 1個（100g）
鹽、胡椒 … 各少許
奶油 … 15g

A [
水 … 2又1/2杯
西式高湯粉 … 1/2小匙
鹽 … 1/4小匙
胡椒 … 少許
]

牛奶 … 1/2杯
巴西利碎 … 適量

製作方法

❶ 鮭魚去皮去骨，切成一口大小，撒上鹽、胡椒。洋蔥、甜椒、蕪菁切成1～1.5cm的塊狀。

❷ 在鍋中放入奶油以中火加熱，放入洋蔥、甜椒、蕪菁。拌炒至洋蔥變成透明為止約2分鐘，加入A、鮭魚拌炒。蓋上鍋蓋，轉以略小的中火約煮5分鐘。

❸ 在②中加入牛奶混拌，避免煮至沸騰地加溫。盛盤，撒上巴西利碎。

減醣tips

· 不使用高醣類的低筋麵粉，湯汁不勾芡

· 不使用高醣類的馬鈴薯、紅蘿蔔

材料2人份

高麗菜 … 2片（100g）
培根（片狀）… 2片（35g）
芹菜 … 1/4根（25g）
甜椒（黃）… 1/4個（實重25g）
番茄 … 小型1個（80g）
橄欖油 … 1大匙

A [
百里香 … 2～3根
水 … 2又1/2杯
西式高湯粉 … 1小匙
鹽 … 1/4小匙
胡椒 … 少許
]

製作方法

❶ 高麗菜、培根切成1cm的方形。芹菜、甜椒、番茄切成1cm的方塊。

❷ 在鍋中放入橄欖油，放入高麗菜、培根、芹菜、甜椒拌炒，待全體沾裹油脂後，加入番茄、A混合拌炒。蓋上鍋蓋，以小火燉煮15分鐘。

減醣tips

· 不使用高醣類的洋蔥，以低醣類的芹菜來增添風味

· 抑制高醣類的番茄用量

酸辣湯　醣類 **4.5**g

材料2人份

豬五花薄片 … 80g
香菇 … 2個
甜椒（紅）… 1/4個
　（實重25g）
豆芽菜 … 1/2袋（100g）
雞蛋 … 1個

A ┌ 水 … 2又1/2杯
　│ 醬油、醋 … 各1又1/2大匙
　│ 雞湯粉 … 1/2大匙
　│ 辣油 … 1小匙
　└ 鹽 … 少許

製作方法

❶ 豬肉切成1cm寬。香菇、甜椒切成薄片。

❷ 在鍋中放入A，以中火加熱。煮至沸騰後，加入①、豆芽菜，以略小的中火，約煮5分鐘。

❸ 用大火煮沸②，圈狀澆淋上攪散的蛋液。待蛋花鬆軟地浮起時熄火，略略混拌。

減醣tips

・ 不使用高醣類的太白粉，湯汁不勾芡

豬肉湯　醣類 **4.8**g

材料2人份

豬五花薄片 … 80g
蘿蔔 … 40g
紅蘿蔔 … 1/5根（30g）
舞菇 … 1/2盒（50g）
沙拉油 … 1小匙
高湯 … 2又1/2杯

A ┌ 味噌 … 1又1/2大匙
　└ 鹽、黑胡 … 1小撮
青蔥的蔥花 … 適量
辣椒粉 … 少許

製作方法

❶ 豬肉切成3cm長。蘿蔔切成5mm寬的扇形，紅蘿蔔切成3mm寬的半月形。舞菇分成小株。

❷ 在鍋中放入沙拉油，以中火加熱，放入①，拌炒至豬肉變色為止。加入高湯，以略小的中火，約煮5分鐘。

❸ 在②中溶化混拌A，用小火再煮約3分鐘。盛盤，散放青蔥花，撒上辣椒粉。

減醣tips

・ 減少高醣類的食材，用舞菇來增加香氣

・ 味噌的用量增加醣類含量也越多，添加零醣類的鹽來抑制用量

絞肉與西洋菜的精力湯

材料2人份

豬絞肉 … 100g
西洋菜 … 1/2把（20g）
薄切蒜片 … 1瓣

A
- 紅辣椒小圓片 … 1/3根
- 水 … 1又1/2杯
- 雞湯粉、醬油 … 各1小匙
- 鹽 … 1小撮
- 胡椒 … 少許

製作方法

❶ 西洋菜摘下葉片，莖部切成3cm長。

❷ 在鍋中放入A以中火加熱，煮至沸騰後放入豬絞肉、西洋菜莖、蒜片。攪散絞肉，撈除浮渣，待豬絞肉變色後，加入西洋菜葉，迅速加熱完成。

醣類 **1.8**g

越式風味的蛤蜊芹菜湯

材料2人份

蛤蜊（完成吐砂）… 150g
芹菜 … 1/3根（30g）
小番茄 … 4個

A
- 水 … 2杯
- 魚露 … 1小匙
- 雞湯粉 … 1/2小匙
- 鹽、胡椒 … 各少許

製作方法

❶ 蛤蜊用外殼相互搓洗。芹菜斜切成薄片。

❷ 在鍋中放入A、蛤蜊，以中火加熱。煮至沸騰後，撈除浮渣，加入芹菜、小番茄，煮至蛤蜊開殼即可。

醣類 **2.7**g

日式培根牛蒡湯

材料2人份

培根（片狀）… 1片（18g）
牛蒡… 1/4根（50g）
蘿蔔嬰… 1/6盒（實重約6g）
A ┌ 高湯… 1又1/2杯
　├ 醬油… 1小匙
　└ 鹽… 1小撮

製作方法

❶ 培根切成1cm寬。牛蒡刮除表皮，斜向片切，過水後瀝乾水分。蘿蔔嬰對切長度。

❷ 在鍋中放入A，以中火加熱，煮至沸騰後，加入培根、牛蒡。轉為略小的中火，煮約5分鐘，盛盤，放上蘿蔔嬰。

醣類 **2.9**g

菇類泡菜的豆乳湯

材料2人份

香菇… 小型2個（30g）
白菜泡菜… 50g
A ┌ 水… 1/2杯
　├ 味噌… 2小匙
　├ 雞湯粉… 1/2小匙
　└ 鹽、胡椒… 各少許
豆漿（無成分調整）… 1杯
辣油… 少許

製作方法

❶ 香菇切成薄片。

❷ 在鍋中放入A，以中火加熱，煮至沸騰後，加入香菇煮約2分鐘。加入白菜泡菜、豆漿，避免煮至沸騰地加熱，盛盤，澆淋辣油。

醣類 **5.9**g

豆苗胡椒清湯

材料2人份

豆苗… 1/2袋
　（實重50g）
橄欖油… 1小匙
A ┌ 水… 1又1/2杯
　├ 雞湯粉… 1小匙
　└ 鹽… 1小撮
粗粒黑胡椒… 少許

製作方法

❶ 豆苗切除根部，切成2cm寬。

❷ 在鍋中放入橄欖油，以中火加熱，放入豆苗拌炒至材料變軟為止。加入A轉為略小的中火，煮約2分鐘，盛盤，撒上黑胡椒。

醣類 **1.4**g

白菜海帶芽湯

材料2人份

白菜 … 小型1片（50g）
切好的海帶芽（乾燥）
　　… 1大匙（2g）

A
- 蒜泥 … 少許
- 水 … 2杯
- 雞湯粉、醬油 … 各1小匙
- 鹽 … 1小撮

炒過的白芝麻 … 1/4小匙

製作方法

❶ 白菜切成略小的一口大小。

❷ 在鍋中放入 A，以中火加熱，煮至沸騰後，加入白菜、海帶芽。轉為略小的中火，煮約5分鐘，盛盤，撒上白芝麻。

醣類 **1.9**g

韭菜雞蛋湯

材料2人份

韭菜 … 1/4把（25g）
雞蛋 … 1個

A
- 高湯 … 1又1/2杯
- 醬油 … 1小匙
- 鹽 … 1小撮

製作方法

❶ 韭菜切成3cm長。

❷ 在鍋中放入 A，以中火加熱，煮至沸騰後，加入韭菜略煮。待其變軟後，圈狀澆淋攪散的蛋液，待蛋花浮起後熄火，混拌即完成。

醣類 **1.0**g

芹菜茗荷清湯

材料2人份

芹菜 … 1/3根（30g）
芹菜葉 … 5g
茗荷 … 2個

A
- 高湯 … 1又1/2杯
- 鹽 … 1/4小匙
- 薄鹽醬油 … 少許

製作方法

❶ 芹菜、茗荷切成薄型圓片，芹菜葉撕成方便食用的大小。

❷ 在鍋中放入 A，以中火加熱。煮至沸騰後，加入①，煮開。

醣類 **0.8**g

白花椰鮪魚牛奶湯

材料2人份

白花椰 … 1/2顆（150g）
鮪魚罐 … 小型1罐（70g）
A ┌ 水 … 1杯
  │ 西式高湯粉 … 1/2小匙
  │ 鹽 … 1小撮
  └ 胡椒 … 少許
牛奶 … 1/2杯
平葉巴西利碎 … 適量

製作方法

❶ 白花椰分成小株。鮪魚罐頭瀝去湯汁。

❷ 在鍋中放入A，以中火加熱，煮至沸騰後，加入①。轉為略小的中火煮約8分鐘，加入牛奶避免煮至沸騰地加熱。盛盤，撒上平葉巴西利碎。

醣類 **4.4**g

帆立貝萵苣湯

材料2人份

帆立貝水煮罐頭 … 小型1罐（65g）
萵苣 … 1～2片（50g）
A ┌ 水 … 1又1/2杯
  │ 雞湯粉、醬油 … 各1小匙
  └ 鹽 … 1小撮
芝麻油、粗粒黑胡椒 … 各少許

製作方法

❶ 萵苣撕成略小的一口大小。

❷ 在鍋中放入A和水煮帆立貝及其湯汁，以中火加熱，煮至沸騰後，加入萵苣略煮。盛盤，澆淋芝麻油、撒上黑胡椒。

醣類 **2.0**g

我們的飲食生活中不可或缺的 "味噌湯"，
"味噌" 的醣類含量出乎意料地高。
為減少用量，活用零醣類的鹽、低醣類帶有鹹味的
起司粉、醃梅等來調整風味。

高麗菜的奶油味噌湯

材料2人份

高麗菜 … 大型1片
　（60g）
高湯 … 1又1/2杯
味噌 … 1大匙
鹽 … 少許
奶油 … 10g

製作方法

❶ 高麗菜切成一口大小。

❷ 在鍋中放入高湯，以中火加熱，煮至沸騰後，加入高麗菜，煮至食材變軟為止。溶入味噌，用鹽調整味道，盛起放上奶油。

醣類 **3.1**g

碎豆腐的梅子味噌湯

材料2人份

木綿豆腐 … 1/2塊
　（150g）
高湯 … 1又1/2杯
味噌 … 1大匙
梅肉 … 10g

製作方法

❶ 豆腐撕成一口大小。

❷ 在鍋中放入高湯以中火加熱，煮至沸騰後，加入豆腐略煮。溶入味噌，盛起放上梅肉。

醣類 **5.2**g

小松菜的黑芝麻味噌湯

材料2人份

小松菜 … 1/3把（70g）
高湯 … 1又1/2杯
味噌 … 1大匙
鹽 … 少許
磨碎的黑芝麻 … 1/3小匙

製作方法

❶ 小松菜切成3cm長。

❷ 在鍋中放入高湯以中火加熱，煮至沸騰後，加入小松菜煮至食材變軟為止。溶入味噌用鹽調味，盛起撒上黑芝麻。

醣類 **2.2**g

滑菇茗荷的紅味噌湯

材料2人份

滑菇 … 1/2袋（50g）
茗荷 … 1個
高湯 … 1又1/2杯
紅味噌 … 1大匙
鹽 … 少許

製作方法

❶ 滑菇用冷水沖洗後瀝乾水分。茗荷切成薄圓片。

❷ 在鍋中放入高湯以中火加熱，煮至沸騰後，加入滑菇略煮。溶入紅味噌用鹽調味，盛起放上茗荷。

醣類 **2.4**g

番茄起司味噌湯

材料2人份

番茄 … 1個（100g）
高湯 … 1又1/2杯
味噌 … 1大匙
起司粉 … 1小匙

製作方法

❶ 番茄切成12等分的月牙形。

❷ 在鍋中放入高湯以中火加熱，煮至沸騰後，加入番茄略煮。溶入味噌，盛起撒上起司粉。

醣類 **3.8**g

茄子薑汁味噌湯

材料2人份

茄子 … 大型1根
（100g）
高湯 … 1又1/2杯
味噌 … 1大匙
鹽 … 少許
薑泥 … 1/2小匙

製作方法

❶ 茄子切成1cm寬的圓片。

❷ 在鍋中放入高湯以中火加熱，煮至沸騰後，加入茄子，煮至食材變軟為止。溶入味噌用鹽調味，盛起放上薑泥。

醣類 **3.4**g

豆芽菜的辣味噌湯

材料2人份

豆芽菜 … 1/4袋（50g）
高湯 … 1又1/2杯
味噌 … 1大匙
鹽、豆瓣醬 … 各少許

製作方法

在鍋中放入高湯以中火加熱，煮至沸騰後，加入豆芽菜煮至食材變軟為止。溶入味噌加入鹽調味，盛起放上豆瓣醬。

醣類 **2.5**g

蘿蔔的柚香胡椒味噌湯

材料2人份

蘿蔔 … 100g
蘿蔔菜 … 20g
高湯 … 1又1/2杯
味噌 … 1大匙
柚子胡椒 … 少許

製作方法

❶ 蘿蔔切成3～4mm的扇形，葉子切成薄圓片。

❷ 在鍋中放入高湯以中火加熱，煮至沸騰後，加入①煮至食材變軟為止。溶入味噌，盛起放上柚子胡椒。

醣類 **3.3**g

米飯・麵

雖然很喜歡碳水化合物，
但醣類含量多的米飯、義大利麵、烏龍麵，
是減醣瘦身飲食絕對不能吃的⋯
大家心裡應該都是這麼想的吧？
半碗米飯（70g）、義大利麵40g，
雖然可食用的分量較少，
但利用低醣類食材增量的話，
就可以滿足喜好又能吃得飽不挨餓。
不會感覺空虛，
充滿創意的食譜務必一看！

米飯的變化

進行減醣瘦身飲食時，就要減少高醣類米飯的攝取。
在此要傳授大家即使比平時用量減少，也能維持飽足感，
利用低醣類食材增量的方法。

冷凍米飯

米飯照一般方法烹煮放涼後，各別將70g分成小包保存，就能方便使用。

- 在冷藏室可保存2天。
- 在冷凍室約可保存2週

醣類 **25.8**g

醣類 **24.6**g

蒟蒻絲米飯

材料（5餐／每餐約90g）

米 … 150g
蒟蒻絲 … 100g
鹽 … 少許

製作方法

❶ 米洗淨後以網篩瀝乾水分，放置30分鐘。蒟蒻絲切成1cm的寬度。

❷ 在電鍋內鍋中放入米並注入1杯的水。除去1大匙的水並放上蒟蒻絲，撒上鹽依照平常的方法煮飯。完成後，粗略混拌。

- 在冷藏室可保存2天
- 不可冷凍保存

醣類 **25.1**g

蘿蔔米飯

材料（5餐／每餐約90g）

米 … 150g
蘿蔔 … 100g
鹽 … 少許

製作方法

❶ 米洗淨後以網篩瀝乾水分，放置30分鐘。蘿蔔切成1cm的塊狀。

❷ 在電鍋內鍋中放入米並注入1杯的水。除去1大匙的水並放上蘿蔔，撒上鹽依照平常的方法煮飯。完成後，粗略混拌。

- 在冷藏室可保存2天
- 不可冷凍保存

醣類 **25.0**g

大豆米飯

材料（5餐／每餐約100g）

米 … 150g
水煮大豆罐頭 … 1罐（200g）
鹽 … 少許

製作方法

❶ 米洗淨後以網篩瀝乾水分，放置30分鐘。

❷ 在電鍋內鍋中放入米並注入1杯的水。放上水煮大豆，撒上鹽依照平常的方法煮飯。完成後，粗略混拌。

- 在冷藏室可保存2天
- 在冷凍室約可保存2週

醣類 **25.2**g

豆腐昆布高湯米飯

材料（5餐／每餐約90g）

米 … 150g
木綿豆腐 … 100g
高湯（昆布）… 1杯

製作方法

❶ 米洗淨後以網篩瀝乾水分，放置30分鐘。豆腐瀝乾水分，撕成大塊。

❷ 在電鍋內鍋中放入米並注入1杯的高湯。放上豆腐，依照平常的方法煮飯。完成後，粗略混拌。

- 在冷藏室可保存2天
- 不可冷凍保存

豆芽烏龍茶米飯

材料（5餐／每餐約90g）

米 … 150g
豆芽菜 … 1/2袋（100g）
烏龍茶 … 1杯

製作方法

❶ 米洗淨後以網篩瀝乾水分，放置30分鐘。

❷ 在電鍋內鍋中放入米並注入1杯的烏龍茶。放上豆芽菜，依照平常的方法煮飯。完成後，粗略混拌。

- 在冷藏室可保存2天
- 不可冷凍保存

醣類 **24.8**g

小魚羊栖菜的和風青菜炒飯　醣類 **28.6**g

材料2人份

溫熱米飯 … 150g
羊栖菜芽 … 1大匙（4g）
小松菜 … 1把（200g）
小銀魚乾 … 2又1/2大匙
（10g）

沙拉油 … 1大匙
A ⌈ 燒酒 … 1/2大匙
　│ 鹽 … 1/3小匙
　⌊ 胡椒 … 少許
醬油 … 1/2小匙

製作方法

❶ 羊栖菜浸泡於水中約15分鐘，使其還原並瀝乾水分。小松菜莖部切成1cm的寬度，葉片切碎。

❷ 在平底鍋中放入沙拉油，以中火加熱，放入小銀魚乾拌炒。待拌炒至金黃焦香後，加入①，拌炒至食材軟化為止。

❸ 在②加入米飯、A，快速地翻動拌炒，圈狀澆淋上醬油迅速混合拌炒。

減醣tips

· 減少高醣類的米飯，用青菜和羊栖菜來增量

絞肉雞蛋萵苣炒飯　醣類 **29.2**g

材料2人份

溫熱米飯 … 150g
豬絞肉 … 120g
萵苣 … 4～5片（120g）
雞蛋 … 2個
沙拉油 … 1大匙

A ⌈ 燒酒 … 1/2大匙
　│ 鹽 … 1/3小匙
　⌊ 胡椒 … 少許
醬油 … 1小匙

製作方法

❶ 萵苣撕成一口大小。雞蛋攪散。

❷ 在平底鍋中放入1/2大匙沙拉油，以略大的中火加熱，倒入蛋液。用杓子大動作混拌使其成為半熟狀態，暫時取出。

❸ 在②的平底鍋中加入1/2大匙的沙拉油，以中火加熱，放入絞肉邊攪散邊拌炒。待豬肉變色後，加入米飯、A，快速地翻動拌炒，加入萵苣、醬油混合拌炒。待萵苣變軟後，將②倒回鍋中，迅速拌炒。

減醣tips

· 減少高醣類的米飯，用萵苣來增量

材料 2 人份

溫熱米飯 … 150g	雞蛋 … 2 個
雞絞肉 … 200g	蒜末 … 1 瓣
櫛瓜 … 小型 1 根（100g）	沙拉油 … 2 小匙
甜椒（紅）… 1/2 個 （實重 50g）	A ⎡ 蠔油、魚露 … 各 1/2 大匙
九層塔 … 3 根	⎣ 醬油 … 1/2 小匙

製作方法

❶ 櫛瓜切成 5mm 寬的半月形，甜椒橫向對切後，再縱向成絲。摘下九層塔葉。

❷ 在平底鍋中放入 1 小匙沙拉油，放入大蒜以中火加熱。待散發香氣後，放入雞絞肉，邊按壓使其呈色邊迅速拌炒。待雞肉變色後，加入櫛瓜、甜椒拌炒至食材軟化，再加入米飯、A，快速地翻動拌炒。加入九層塔葉混拌後，盛盤。

❸ 在另外的平底鍋中，放 1 小匙沙拉油以中火加熱，打入雞蛋，依個人喜好完成煎蛋，放在②上。

减醣 tips

· 減少高醣類的米飯，用櫛瓜來增量

材料 2 人份

溫熱米飯 … 150g	鹽、粗粒黑胡椒 … 各適量
豬邊角肉片 … 100g	沙拉油 … 1/2 大匙
苦瓜 … 小型 1/2 根 （實重 80g）	A ⎡ 魚露 … 1 大匙
蒜末 … 1 瓣	⎣ 燒酒 … 1/2 大匙

製作方法

❶ 苦瓜縱向對切去籽去白色內膜，切成 3～4mm 的半月形。撒上少許的鹽靜置 5 分鐘，用冰水沖洗後瀝乾水分。豬肉片表面各撒上少許的鹽、黑胡椒。

❷ 在平底鍋中放入沙拉油，加入大蒜後以中火加熱，散發香氣後，加入豬肉拌炒。待豬肉變色後，放進苦瓜拌炒至顏色透明為止。

❸ 在②的平底鍋中加入加入米飯、A，快速地翻動拌炒，盛盤，撒上少許黑胡椒。

减醣 tips

· 減少高醣類的米飯，用苦瓜來增量

櫛瓜泰式炒飯

醣類 **31.0**g

苦瓜碎豬肉炒飯

醣類 **28.8**g

炊煮什錦飯
（Jambalaya）

醣類 **33.6** g

鮒仔魚水菜炊飯

醣類 **31.4** g

材料 4 人份

米… 1 杯
西班牙香腸（chorizo）… 4 根
甜椒（紅）… 1/2 個（實重 50g）
櫛瓜… 小型 1/2 根（50g）
水煮大豆罐頭… 1 罐（120g）
蒜末… 1 瓣

A
- 番茄泥… 2 大匙
- 綜合乾燥香草… 1/2 大匙
- 咖哩粉、紅椒粉… 各 1/2 小匙
- 鹽… 1/3 小匙

橄欖油… 少許

製作方法

❶ 米洗淨後於網篩瀝乾靜置 30 分鐘。西班牙香腸縱向劃切 1 條切紋，甜椒、櫛瓜各切成 1.5cm 的方塊。

❷ 在電鍋的內鍋中放入米，倒入 1 杯米刻度用量的水分。除去 2 大匙的水分後，加入 A，粗略混拌。放上大蒜、水煮大豆、甜椒、櫛瓜，再放上西班牙香腸，依照一般方法煮飯。

❸ 完成時，取出西班牙香腸，澆淋上橄欖油迅速粗略混拌。盛盤，放上西班牙香腸。

減醣tips

・減少高醣類的米飯，用大豆來增量

材料 4 人份

米… 1 杯
水菜… 1/2 把（100g）
乾燥鮒仔魚… 30g

A
- 燒酒… 1 大匙
- 紅紫蘇粉… 2 小匙
- 鹽… 少許

製作方法

❶ 米洗淨後於網篩瀝乾靜置 30 分鐘。水菜莖切成 1cm 寬，葉片切碎。

❷ 在電鍋的內鍋中放入米，倒入 1 杯米刻度用量的水分。除去 1 大匙的水分後，加入 A 粗略混拌。依照一般方法煮飯。

❸ 完成時，加入水菜、鮒仔魚，混拌至水菜變軟為止。

減醣tips

・減少高醣類的米飯，用水菜來增量

牛肉與黃豆芽的炊飯

材料 4 人份

米 … 1 杯
牛邊角碎肉 … 80g
黃豆芽 … 80g

A
薑末 … 1 小塊
蒜末 … 1/2 瓣
醬油 … 1 大匙
味噌 … 1/2 大匙
豆瓣醬 … 1/2 小匙

青蔥的蔥花 … 2 根（10g）

製作方法

❶ 米洗淨後於網篩瀝乾靜置 30 分鐘。牛肉揉搓 A 備用。

❷ 在電鍋的內鍋中放入米，倒入 1 杯米刻度用量的水分。除去 1 大匙的水分後，依序加入黃豆芽、牛肉，依照一般方法煮飯。

❸ 完成時粗略混拌，盛盤，撒上青蔥花。

減醣 tips

· 減少高醣類的米飯，用零醣類的黃豆芽來增量

醣類 **31.9**g

羊栖菜與菇類的炊飯

材料 4 人份

米 … 1 杯
羊栖菜芽 … 2 小匙（4g）
舞菇 … 1 盒（100g）
鴻禧菇 … 1/2 盒（50g）
薑絲 … 1/2 小塊

A
醬油 … 1 大匙
鹽 … 1/4 小匙

製作方法

❶ 米洗淨後於網篩瀝乾靜置 30 分鐘。羊栖菜浸泡在水中約 15 分鐘還原，瀝乾水分。舞菇和鴻禧菇分切成小株。

❷ 在電鍋的內鍋中放入米，倒入 1 杯米刻度用量的水分。除去 1 大匙的水分後，加入 A，粗略混拌。依序放入薑、羊栖菜、舞菇、鴻禧菇，依照一般方法煮飯，完成時粗略混拌。

減醣 tips

· 減少高醣類的米飯，用羊栖菜來增量

醣類 **31.9**g

材料 2 人份

溫熱米飯 … 150g
雞胸肉 … 2 片（100g）
鴨兒芹 … 1/2 盒（實重 25g）

A ⎡ 高湯 … 1 又 1/2 杯
　 ⎢ 味噌、醬油 … 各 1 小匙
　 ⎣ 鹽 … 1/3 小匙

豆漿（無成分調整）… 1 杯

製作方法

❶ 雞里脊肉除去筋膜，切成細絲。鴨兒芹莖切成 2cm
　 寬的大小，摘下葉片。

❷ 在鍋中放入 A 以中火加熱，煮至沸騰後加入雞胸肉
　 燙煮。加入白飯、豆漿，避免煮至沸騰地加熱，盛
　 盤放上鴨兒芹葉片。

減醣tips

・減少高醣類的米飯，用豆漿熱湯來增加飽足感

焙茶的鯛魚茶泡飯

醣類 **28.4**g

雞胸肉和鴨兒芹的
味噌豆乳湯飯

材料 2 人份

溫熱米飯 … 150g
鯛魚（生魚片）
　 … 100g

A ⎡ 醬油 … 2 小匙
　 ⎣ 鹽 … 少許

薑泥 … 1/2 小塊

青蔥的蔥花 … 1 根（5g）
炒過的白芝麻 … 1/4 小匙

B ⎡ 溫熱的焙茶
　 ⎢ … 1 又 1/2 大匙
　 ⎣ 鹽 … 1/4 小匙

製作方法

❶ 鯛魚斜向片切成薄片，與 A 混拌。

❷ 白飯盛盤。放上①、薑泥、青蔥花，撒上
　 白芝麻，澆淋上 B。

減醣tips

・減少高醣類的米飯，用焙茶來增加飽足感

醣類 **31.9**g

材料2人份

溫熱米飯 … 150g
雞胸肉 … 1/2大片（150g）
大蔥 … 1/2根
鹽 … 1/4小匙
沙拉油 … 1小匙

A ｜ 高湯 … 2又1/2杯
｜ 醬油 … 1小匙
｜ 鹽 … 1/3小匙
辣椒粉 … 少許

製作方法

❶ 雞肉切成一口大小，撒上鹽。大蔥切成3cm長段。

❷ 在平底鍋中放入沙拉油以中火加熱，蔥段及雞皮朝下地放入鍋中。雞肉煎約3分鐘後翻面，改以小火再煎約3分鐘。蔥段不時翻面地煎至金黃焦香。

❸ 在小鍋中放入A，以中火加熱，煮至沸騰。白飯盛盤後，放上②，澆淋A後再撒上辣椒粉。

減醣tips

‧ 減少高醣類的米飯，用高湯來增加飽足感

溫泉蛋清高湯飯

醣類 32.9g

材料2人份

溫熱米飯 … 150g
生火腿 … 5片（30g）
番茄 … 小型1個
　（100g）
溫泉蛋 … 2個

A ｜ 水 … 2又1/2杯
｜ 西式高湯粉 … 1/2大匙
｜ 鹽 … 1/2小匙
｜ 醬油、橄欖油
｜ 　… 各少許

製作方法

❶ 每片生火腿分切成4等分，番茄切成1cm的塊狀。

❷ 在鍋中放入A以中火加熱，煮至沸騰後加①略煮。加入白飯再煮至沸騰，盛盤放上溫泉蛋。

減醣tips

‧ 減少高醣類的米飯，用西式高湯來增加飽足感

烤雞高湯飯

醣類 30.4g

材料2人份

義大利麵 … 80g
綠花椰 … 1/2顆（120g）
櫛瓜 … 小型1根（100g）
綠蘆筍 … 2根（40g）
蒜末 … 1瓣
紅辣椒小圓片 … 1根
橄欖油 … 3大匙
鹽 … 1/3小匙

製作方法

❶ 綠花椰分小株。櫛瓜用刨削器削成細長條狀。綠蘆筍以刮皮刀刮除根部堅硬部分，再斜切成薄片。

❷ 在深鍋中放入4杯熱水煮至沸騰，加入1/2小匙的鹽（用量外），放入義大利麵，依包裝袋上的時間燙煮。完成燙煮前3分鐘放入綠花椰，在完成前1分鐘時放入櫛瓜和綠蘆筍，同時燙煮（※分取出5大匙煮汁備用）。

❸ 在平底鍋中加入橄欖油、大蒜，以小火加熱拌炒。待呈淡淡顏色後，放入紅辣椒圓片拌炒，熄火。加入取出的煮汁充分混拌，加入瀝乾水分的②。混拌全體，加入鹽調味。

減醣tips

・減少高醣類的義大利麵，用蔬菜來增加飽足感

材料2人份

義大利麵 … 80g
雞胸肉 … 小型1片（200g）
菠菜 … 1把（200g）
片狀起司 … 4片
鹽、胡椒 … 各少許
橄欖油 … 1/2大匙

A ⎡ 水 … 1杯
　⎢ 西式高湯粉 … 1/2小匙
　⎢ 鹽 … 1/4小匙
　⎣ 胡椒 … 少許
牛奶 … 1/2杯

製作方法

❶ 雞肉切成略小的一口大小，撒上鹽、胡椒。菠菜切成5cm的長度。

❷ 在深鍋中放入4杯熱水煮沸，加入1/2小匙的鹽（用量外），放入義大利麵，依包裝袋上的時間燙煮。

❸ 在平底鍋中加入橄欖油以中火加熱，雞皮朝下地放入鍋中。待金黃焦香後翻面，待雞肉變色後，加入菠菜拌炒至食材軟化為止。加入A，以略小的中火煮約2分鐘左右，加入片狀起司、牛奶，避免煮至沸騰地加熱使起司融化。加入瀝乾水分的②，迅速地混拌全體。

減醣tips

・減少高醣類的義大利麵，用奶油湯汁、菠菜來增加飽足感

麵

綠色蔬菜的香蒜辣椒義大利麵

醣類 **30.3**g

菠菜牛奶義大利湯麵

醣類 **32.4**g

糖類 **30.0**g

糖類 **33.7**g

蛤蜊日式高湯
義大利麵

茄子西西里風味
義大利麵

材料 2 人份

義大利麵 … 80g
蛤蜊（完成吐砂）… 200g
小松菜 … 1 把（200g）
薑絲 … 1 小塊

A ⎡ 高湯 … 1 又 1/2 杯
  ⎢ 醬油 … 1/2 大匙
  ⎣ 鹽 … 1/3 小匙

材料 2 人份

義大利麵 … 80g
茄子 … 2 根（160g）
培根（片狀）… 2 片（35g）
小番茄 … 6 個
黑橄欖 … 10 個

蒜末 … 1/2 瓣
橄欖油 … 2 大匙

A ⎡ 切碎的鯷魚 … 4 片（10g）
  ⎢ 酸豆 … 1 大匙
  ⎣ 鹽 … 1 小撮

製作方法

❶ 蛤蜊用外殼相互搓洗。小松菜切成 5cm 長。

❷ 在深鍋中放入 4 杯熱水煮至沸騰，加入 1/2 小匙的鹽（用量外），放入義大利麵，依包裝袋上的時間燙煮。

❸ 在平底鍋中加入 A、蛤蜊，以中火加熱，煮至沸騰後撈除浮渣。加入小松菜、薑絲，用略小的中火加熱至食材軟化為止約 2 ～ 3 分鐘。加入瀝乾水分的②，迅速混拌全體。

減醣tips

・ 減少高醣類的義大利麵，用高湯、小松菜來增加飽足感

製作方法

❶ 茄子長度對半分切，再縱切成 4 ～ 6 等分。培根切成 1cm 的寬度。

❷ 在深鍋中放入 4 杯熱水煮至沸騰，加入 1/2 小匙的鹽（用量外），放入義大利麵，依包裝袋上的時間燙煮（※ 分取出 5 大匙煮汁備用）。

❸ 在平底鍋中加入橄欖油、大蒜，以中火加熱，至散發香氣後，加入茄子、培根拌炒。待食材軟化後，加入小番茄、橄欖、取出的煮汁、A，充分混拌，加入瀝乾水分的②。混拌全體。

減醣tips

・ 減少高醣類的義大利麵，用茄子來增加飽足感

菇類鱈魚義大利麵

糖類 **30.9**g

材料2人份

義大利麵 … 80g
鱈魚子 … 70g
鴻禧菇 … 1盒
　（100g）
金針菇 … 1袋
　（100g）
香菇 … 2個（30g）
奶油 … 20g
青紫蘇葉切絲
　… 3片

製作方法

❶ 在缽分中放入奶油，使其回復至室溫。鱈魚子剝除薄膜攪散，加入缽盆中混合拌勻。鴻禧菇分成小株，金針菇切成方便食用的大小。香菇切成薄片。

❷ 在深鍋中放入4杯熱水煮至沸騰，加入1/2小匙的鹽（用量外），放入義大利麵，依包裝袋上的時間燙煮。完成燙煮前2分鐘放入菇類，同時燙煮。（※分取出3大匙煮汁備用）。

❸ 在①的缽盆中加入取出備用的湯汁和瀝乾水分的②，迅速混合拌勻。盛盤，放上青紫蘇葉絲。

減醣tips

· 減少高醣類的義大利麵，用菇類來增加飽足感

材料2人份

義大利麵 … 80g
白菜 … 1/4顆（250g）
火腿 … 3片（45g）
A　水 … 1又1/2杯
　西式高湯粉
　　… 1大匙
　鹽 … 1/4小匙
　胡椒 … 少許
起司粉 … 1小匙

減醣tips

· 減少高醣類的義大利麵，用西式高湯和白菜來增加飽足感

製作方法

❶ 白菜的葉片切成方便食用的大小，莖部切成細絲。火腿切成細絲。

❷ 在深鍋中放入4杯熱水煮至沸騰，加入1/2小匙的鹽（用量外），放入義大利麵，依包裝袋上的時間燙煮。

❸ 在平底鍋中放入A，以中火加熱，煮至沸騰後加入①，煮約5分鐘至食材軟化。加入瀝乾水分的②，迅速混合拌勻。盛盤，撒上起司粉。

白菜火腿的清高湯義大利麵

糖類 **34.4**g

絞肉與豆苗的和風義大利麵

糖類 **29.3**g

材料2人份

義大利麵 … 80g
雞絞肉 … 200g
豆苗 … 1袋
　（實重100g）
蒜末 … 1/2瓣
芝麻油 … 1/2大匙
A　醬油 … 1小匙
　鹽 … 1/3小匙
切碎的海苔 … 適量

製作方法

❶ 豆苗切除根部。

❷ 在深鍋中放入4杯熱水煮至沸騰，加入1/2小匙的鹽（用量外），放入義大利麵，依包裝袋上的時間燙煮。完成燙煮前2分鐘放入豆苗，同時燙煮。（※分取出5大匙煮汁備用）。

❸ 在平底鍋中放入芝麻油、大蒜以中火加熱，至散發香氣後放入雞絞肉拌炒。待拌炒至雞絞肉變色後，加入取出備用的湯汁、A、瀝乾水分的②，迅速混合拌勻。盛盤，撒上海苔。

減醣tips

· 減少高醣類的義大利麵，用豆苗來增加飽足感

鮪魚納豆醃梅烏龍麵

材料2人份

冷凍烏龍麵 … 1球（180g）
豆芽菜 … 1袋（200g）
鮪魚邊角肉（紅肉）… 150g
納豆 … 2盒（100g）
醬油 … 1小匙

A ［ 冰水 … 1/2杯
　 柴魚風味醬油（3倍濃縮）… 1大匙
　 鹽 … 1/3小匙 ］

醃梅 … 小型2顆
海苔粉 … 適量

製作方法

❶ 鮪魚、納豆、醬油混合備用。

❷ 在鍋中沸騰熱水，放入烏龍麵，依包裝袋上的時間燙煮。完成燙煮前放入豆芽菜，同時燙煮，用網篩撈起並以冰水沖洗，瀝乾水分。

❸ 將②盛盤，放上①。澆淋A，放上醃梅並撒上海苔粉。

減醣tips

· 減少高醣類的烏龍麵，用豆芽菜來增加飽足感

醣類 **24.1**g

蘿蔔酸橙烏龍麵

材料2人份

冷凍烏龍麵 … 1球（180g）
蘿蔔 … 100g
醋橘 … 2個

A ［ 熱水 … 3杯
　 柴魚風味醬油（3倍濃縮）… 1又1/2大匙
　 鹽 … 2/3小匙 ］

製作方法

❶ 蘿蔔切成細絲，醋橘切成圓片。

❷ 在鍋中沸騰熱水，放入烏龍麵，依包裝袋上的時間燙煮。完成燙煮前放入蘿蔔，同時燙煮，用網篩撈起並以冰水沖洗，瀝乾水分。

❸ 將②盛盤，澆淋A，放上醋橘。

減醣tips

· 減少高醣類的烏龍麵，用蘿蔔來增加飽足感

醣類 **20.9**g

油豆腐海帶芽蕎麥麵

醣類 **28.1**g

材料 2 人份

蕎麥麵（乾麵）… 80g
切好的海帶芽（乾燥）… 1 大匙（2g）
金針菇… 1 袋（100g）
厚片油豆腐… 1 塊（200g）
A　水… 3 杯
　　柴魚風味醬油（3 倍濃縮）… 1 又 1/2 大匙
　　鹽… 2/3 小匙
大蔥切薄片… 5cm（10g）

製作方法

❶ 海帶芽浸泡在水中 5 分鐘使其還原，擰乾水分。剝散金針菇。厚片油豆腐切成一口大小。

❷ 在鍋中放入 A 以中火加熱，煮至沸騰後放入厚片油豆腐，煮約 7 ～ 8 分鐘。

❸ 在另一個鍋中煮沸熱水，放入蕎麥麵，依包裝袋上的時間燙煮。完成燙煮前放入金針菇，同時燙煮，用網篩撈起並以冰水沖洗，瀝乾水分。盛盤，放上海帶芽、厚片油豆腐，澆淋②的煮汁，放上大蔥薄片。

減醣tips

・減少高醣類的蕎麥麵，用金針菇來增加飽足感

鯖魚罐頭生菜蕎麥麵

醣類 **28.8**g

材料 2 人份

蕎麥麵（乾麵）… 80g
鯖魚水煮罐頭… 1 罐（200g）
散葉萵苣… 3 ～ 4 片（60g）
小黃瓜… 1 根（100g）
紫高麗芽菜… 1/2 盒（實重 10g）
A　冰水… 1/2 杯
　　柴魚風味醬油（3 倍濃縮）… 2 大匙
美乃滋… 2 大匙

製作方法

❶ 鯖魚瀝乾罐頭湯汁，粗略攪散。散葉萵苣撕成一口大小，小黃瓜縱向對切後斜向切成薄片。紫高麗菜芽切去根部。

❷ 在鍋中煮沸熱水，放入蕎麥麵，依包裝袋上的時間燙煮。用網篩撈起並以冰水沖洗，瀝乾水分。

❸ 粗略混拌①、②盛盤，澆淋 A 再搭配美乃滋。

減醣tips

・減少高醣類的蕎麥麵，用生菜來增加飽足感

豬五花鹽燒蔥花蕎麥麵

材料2人份

中華蒸麵 … 1球（170g）
豬五花肉片 … 200g
芹菜 … 1根（100g）
芹菜葉 … 10g
薄切蒜片 … 1瓣
鹽、粗粒黑胡椒 … 各少許
芝麻油 … 1小匙

A
｜ 燒酒 … 2大匙
｜ 鹽 … 2/3小匙
｜ 粗粒黑胡椒 … 少許

大蔥斜切薄片 … 1/3根（30g）

製作方法

❶ 豬肉撒上鹽、黑胡椒。芹菜切成細絲，芹菜葉粗略分切。

❷ 將中華蒸麵放在耐熱盤上，鬆鬆地覆蓋保鮮膜，放入微波爐約加熱2分鐘，攪散。

❸ 在平底鍋中放入芝麻油，加入大蒜以中火加熱，至微黃色時取出。放入豬肉片煎至兩面呈現金黃焦香，加入②、芹菜、芹菜葉拌炒。待芹菜軟化後，加入A，再混合拌炒。盛盤，放上大蔥片和大蒜。

減醣tips

・ 減少高醣類的中華蒸麵，用芹菜來增加飽足感

醣類 33.1g

材料2人份

中華蒸麵 … 1球（170g）
豆芽菜 … 1袋（200g）
培根（片狀）… 2片（35g）
青椒 … 小型2個（實重40g）
沙拉油 … 1/2大匙

A
｜ 番茄泥 … 3大匙
｜ 番茄醬 … 1大匙
｜ 鹽 … 1/4小匙
｜ 胡椒 … 少許

奶油 … 10g
起司粉 … 1小匙

製作方法

❶ 培根切成1cm的寬度，青椒切成薄圓片。

❷ 將中華蒸麵放在耐熱盤上，鬆鬆地覆蓋保鮮膜，放入微波爐約加熱2分鐘，攪散。

❸ 在平底鍋中放入沙拉油以略大的中火加熱，放入豆芽菜拌炒。待食材軟化後，加入A再煮約1分鐘，放進①，再迅速混合拌炒。放入②、奶油混合拌勻，盛盤後，撒上起司粉。

減醣tips

・ 減少高醣類的中華蒸麵，用豆芽菜來增加飽足感

拿波里風味炒麵

醣類 37.1g

涮豬肉水雲藻細麵

材料2人份

麵線 … 1把（50g）
涮涮鍋用豬肉片 … 100g
醋漬水雲藻 … 2盒（140g）

A
｜ 冰水 … 1又1/2杯
｜ 柴魚風味醬油（3倍濃縮）… 3大匙

青蔥的斜切薄片 … 2根（10g）
檸檬 … 1/8個

製作方法

❶ 混合醋漬水雲藻、A。

❷ 在鍋中煮沸熱水，轉以略小的中火，放入豬肉片迅速汆燙，置於濾網上瀝乾水分。用同一鍋熱水燙煮細麵，依包裝袋上的時間燙煮。用網篩撈起並以冰水沖洗，瀝乾水分。

❸ 將細麵盛盤，澆淋上①。放上豬肉、青蔥，在以檸檬角。

減醣tips

・ 減少高醣類的細麵，用醋漬水雲藻來增加飽足感

醣類 24.0g

配菜・沙拉

低醣類的蔬菜、豆類、雞蛋配菜，
在忙碌的日常生活中，想要多加一道菜，
就成為不可少的救星。
沙拉或是可以製作好備用的醬汁，
能夠熟記活用非常方便。
味道或是烹調方法也有各式種類，
可以搭配當天的主菜，
自由選擇組合。
簡單就能製作出的美味菜餚，
讓您的低醣瘦身飲食成功地持續進行。

材料2人份

四季豆 … 10根
（100g）
奶油起司 … 50g
鹽 … 少許

A
研磨的白芝麻
… 1小匙
醬油 … 1/2小匙
鹽 … 少許

製作方法

❶ 在鍋中煮沸熱水，加入鹽、四季豆，煮約4分鐘。用網篩撈出冷卻，切成4cm長。

❷ 奶油起司放至回復室溫，加入A混拌。加入四季豆，混拌。

奶油起司拌芝麻四季豆

醣類 **2.1**g

辣味噌炒茄子

醣類 **4.7**g

材料2人份

茄子 … 2根（160g）
培根（片狀）… 1片
（18g）
沙拉油 … 1大匙

A
味噌、燒酒
… 各2小匙
砂糖 … 1小匙
豆瓣醬 … 1/4小匙

製作方法

❶ 茄子切成1cm寬，培根切成5mm寬。

❷ 在平底鍋中放入沙拉油以中火加熱，放入①拌炒。待食材軟化後，加入A，迅速完成拌炒。

蒜炒芹菜章魚

材料2人份

芹菜 … 1根（100g）
水煮章魚（腳）… 120g
蒜末 … 1瓣
橄欖油 … 1/2大匙

A
巴西利碎 … 1大匙
鹽 … 1/4小匙
胡椒 … 少許

製作方法

❶ 芹菜、章魚斜向片成薄片。

❷ 在平底鍋中放入橄欖油、大蒜以中火加熱，待產生香氣後，加入①迅速拌炒。加入A混合拌炒。

醣類 **1.7**g

豆芽菜與火腿的中式沙拉

醣類 **4.2**g

材料2人份

豆芽菜 … 1袋（200g）
火腿 … 2片（30g）

A
芝麻油 … 1大匙
醬油、醋 … 各2小匙
砂糖 … 1小匙
膏狀芥末 … 1/3小匙
炒過的白芝麻 … 1/2小匙

製作方法

❶ 在鍋中煮沸熱水，放入豆芽菜，迅速汆燙後以網篩撈起瀝乾水分。火腿對半分切後再切成細絲。

❷ 在缽盆中放入A和①混拌，盛盤，撒上白芝麻。

蘆筍佐鱈魚子蒜泥蛋黃醬（Aïoli）

材料2人份

綠蘆筍 … 4根（80g）
鱈魚子 … 1/2條
（30g）
A ⎡ 蒜泥 … 少許
　　美乃滋
　　　… 1又1/2大匙
　⎣ 牛奶 … 1/2小匙

醣類 **1.6**g

製作方法

❶ 除去鱈魚子的薄膜攪散，與A混拌。

❷ 用刮皮刀削去蘆筍根部堅硬的部分。在鍋中煮沸熱水，放入蘆筍，燙煮約1分30秒。用網篩撈起瀝乾水分，盛盤，澆淋上①。

味噌奶油竹筍

醣類 **2.1**g

材料2人份

水煮竹筍 … 150g
奶油 … 15g
A ⎡ 燒酒、味噌
　　　… 各1小匙
　⎣ 醬油 … 1/2小匙
山椒嫩葉 … 適量

製作方法

❶ 竹筍前端切成6等分，根部則切成1cm寬的圓片。

❷ 在平底鍋內放入奶油以中火加熱，放入①。邊翻面邊煎約3分鐘，盛盤。

❸ 在②的平底鍋中放入A，以中火加熱，煮滾。澆淋在②表面，放上山椒嫩葉。

番茄水煮蛋的卡布里沙拉
（Caprese）

材料2人份

番茄 … 小型1個
（100g）
水煮蛋 … 2個
橄欖油 … 1/2大匙
鹽 … 1小撮
起司粉 … 1小匙

製作方法

❶ 番茄、水煮蛋切成薄圓片。

❷ 將①排放在盤上，澆淋上橄欖油，撒上鹽和起司粉。

醣類 **2.0**g

醃梅秋葵涼拌豆腐

醣類 **2.9**g

材料2人份

木綿豆腐 … 1塊
（300g）
秋葵 … 5根（50g）
醃梅 … 小型1個
（實重10g）
鹽 … 少許
A ⎡ 柴魚片 … 1/2小袋
　　　（1.5g）
　⎣ 醬油 … 1/2大匙

製作方法

❶ 秋葵撒上鹽，在砧板上摩擦。在鍋中煮沸熱水，放入沾裹著鹽的秋葵，燙煮約1分鐘。放入冷水中冷卻，瀝乾水分切成小圓片。醃梅去籽切成粗粒。

❷ 在鉢盆中放入①、A，混拌。

❸ 豆腐切成方便食用的大小，盛盤，放上②。

芥末醬油涼拌酪梨高麗菜

材料2人份

高麗菜 … 4～5片
　（200g）
酪梨 … 1個
A｜ 芝麻油 … 2小匙
　｜ 醬油 … 1小匙
　｜ 膏狀山葵 … 1/2小匙

製作方法

❶ 高麗菜切成一口大小。在鍋中煮沸熱水，迅速汆燙，用網篩撈起瀝乾水分，冷卻。

❷ 酪梨縱向對切，去核去皮，放入缽盆中以叉子粗略地搗碎。加入高麗菜混拌，盛盤，澆淋上A。

醣類 4.8g

紫高麗菜的 洋蔥沙拉（Coleslaw）

醣類 4.5g

材料2人份

紫高麗菜 … 小型1/4個
　（200g）
洋蔥 … 1/8個（25g）
鹽 … 少許
A｜ 橄欖油
　｜　 … 1又1/2大匙
　｜ 檸檬汁 … 1/2小匙
　｜ 鹽、胡椒、孜然
　｜　 … 各少許

製作方法

❶ 紫高麗菜切成短細絲，撒上鹽靜置5分鐘，擰乾水分。洋蔥切成薄片。

❷ 缽盆中放入A、①，混合拌勻。

醣類 5.2g

高湯燴蘿蔔鮪魚

材料2人份

蘿蔔 … 1/5根（200g）
鮪魚罐頭 … 1罐（70g）
芝麻油 … 1小匙
A｜ 高湯 … 1杯
　｜ 味醂 … 1/2大匙
　｜ 醬油 … 2小匙

製作方法

❶ 蘿蔔切成1cm寬的半月形，鮪魚瀝乾湯汁。

❷ 在鍋中倒入芝麻油，以中火加熱，放入蘿蔔拌炒。待全體沾裹油脂後，加入A、鮪魚，轉成略小的中火，不時翻面煮約10分鐘。

材料2人份

小黃瓜 … 2根（200g）
A｜ 蒜泥 … 少許
　｜ 芝麻油 … 2小匙
　｜ 鹽、砂糖
　｜　 … 各2/3小匙
辣椒粉 … 少許

製作方法

❶ 小黃瓜用擀麵棍敲打裂開，使其為成方便食用的大小。

❷ 在塑膠袋內放入小黃瓜、A，揉搓並靜置15分鐘。盛盤，撒上辣椒粉。

鹽漬小黃瓜

醣類 3.1g

材料2人份

蕪菁 … 1個（100g）
生火腿 … 3片
鹽、粗粒黑胡椒
　… 各少許
橄欖油 … 1小匙

製作方法

❶ 蕪菁切成薄圓片，生火
　腿片切半。

❷ 將①攤開排放在盤中，
　撒上鹽、黑胡椒，澆淋
　橄欖油。

蕪菁與生火腿的薄切沙拉（Carpaccio）

醣類 **1.4**g

醣類 **3.0**g

帆立貝與鴨兒芹的蘿蔔沙拉

材料2人份

水煮帆立貝罐頭
　… 小型1罐（65g）
蘿蔔 … 1/5根（200g）
鴨兒芹 … 1/4把（10g）
A ┌ 橄欖油 … 1大匙
　│ 醬油 … 1小匙
　└ 鹽 … 少許

製作方法

❶ 瀝去水煮帆立貝罐頭的湯汁，
　蘿蔔切成5cm長的細絲。鴨
　兒芹摘下葉片，莖部切成
　4cm長。

❷ 粗略地混拌①，盛盤澆淋A。

材料2人份

冷凍毛豆 … 200g
A ┌ 蒜末、薑末 … 1瓣
　│ 　（1小塊）
　│ 芝麻油 … 1大匙
　└ 豆瓣醬 … 1小匙
B ┌ 醬油 … 1小匙
　│ 鹽、粗粒黑胡椒
　└ 　… 各1小撮

製作方法

❶ 解凍毛豆。

❷ 在平底鍋中放入A，以
　中火加熱，待產生香氣
　後，放入毛豆拌炒。待
　全體沾裹油脂後，加入
　B，混合拌炒。

香炒毛豆

醣類 **2.9**g

中式炒青江菜

醣類 **2.9**g

材料2人份

青江菜 … 2顆（300g）
A ┌ 薄切蒜片 … 1瓣
　│ 紅辣椒（去籽）… 1根
　└ 沙拉油 … 1大匙
B ┌ 蠔油 … 1/2大匙
　│ 醋 … 1小匙
　└ 鹽 … 1/4小匙

製作方法

❶ 青江菜切成4等分長，含芯的
　葉梗直接切成薄片。

❷ 在平底鍋中放入A以中火加
　熱，待產生香氣後放入青江菜
　梗拌炒。待食材軟化後，加入
　其餘的青江菜葉迅速拌炒，加
　入B，迅速地混合拌炒。

煮白菜和油豆腐皮

材料2人份

白菜 … 1/8顆（250g）
油豆腐 … 1片
A [水 … 1杯
柴魚風味醬油
（3倍濃縮）
… 1大匙
鹽 … 1小撮]
辣椒粉 … 少許

製作方法

❶ 白菜葉片切成一口大小，芯則切成1cm寬。油豆腐從邊緣起切成4等分，靜置於網篩中澆淋熱水後瀝乾水分。

❷ 在鍋中放入A，以中火加熱，煮至沸騰後，加入①，蓋上鍋蓋。轉為小火煮約7分鐘，盛盤，撒上辣椒粉。

醣類 **2.9**g

柴魚涼拌綠花椰與卡門貝爾起司

醣類 **1.0**g

材料2人份

綠花椰 … 1/2顆（130g）
卡門貝爾起司 … 1/2個（50g）
鹽 … 少許
A [柴魚片 … 1袋（3g）
醬油 … 1小匙]

製作方法

❶ 綠花椰分成小株。在鍋中煮沸熱水，放入鹽、綠花椰，燙煮約2分30秒，用網篩撈起瀝乾水分。卡門貝爾起司切成放射狀的6等分。

❷ 在缽盆中放入A、①，混拌。

萵苣榨菜的韓式拌菜（Namul）

材料2人份

萵苣 … 1/2個（150g）
榨菜（已調味）… 20g
A [芝麻油
… 1又1/2大匙
炒過的白芝麻
… 1/2大匙
鹽 … 1小撮
胡椒 … 少許]

製作方法

❶ 萵苣切成細絲，榨菜也切成絲。

❷ 在缽盆中放入A、①，揉搓般地混合拌勻。

醣類 **1.7**g

核桃山茼蒿沙拉

材料2人份

山茼蒿 … 1/3把（60g）
核桃（烘烤過）… 30g
A [芝麻油 … 1大匙
醬油 … 1/2大匙
韓式辣椒醬、
砂糖 … 各1小匙]

製作方法

❶ 山茼蒿除去粗莖，切成3cm長。核桃分成2～3等分。

❷ 將①粗略地混拌後盛盤，澆淋上A。

醣類 **4.2**g

異國風涼拌蒸茄子

醣類 **3.8**g

材料2人份

茄子 … 3根（240g）
香菜 … 1盒（40g）

A ┌ 沙拉油 … 1大匙
 │ 魚露 … 1/2大匙
 └ 檸檬原汁
 　　… 1/2小匙

製作方法

❶ 茄子用刮皮刀刮出條紋，每根茄子都用保鮮膜包覆，放入微波爐加熱4分鐘。浸過冰水後冷卻，用廚房紙巾拭去水分，撕成方便食用的大小。香菜切成4cm長。

❷ 在缽盆中放入 A、①混拌。

材料2人份

豆苗 … 1袋
　（實重100g）
木綿豆腐 … 1/4塊
　（75g）
鹽 … 少許

A ┌ 柴魚片 … 1/2小袋
 │ 　（1.5g）
 │ 醬油、芝麻油
 │ 　… 各1/2小匙
 └ 鹽 … 1/4小匙

製作方法

❶ 豆苗切除根部。在鍋中煮沸熱水，放入豆苗，迅速汆燙。浸泡冰水冷卻，瀝乾水分，切成3cm長。

❷ 豆腐用廚房紙巾包覆後擰乾水分，放入缽盆中確實搗碎。混拌①與 A 即可。

柴魚片豆腐涼拌豆苗

醣類 **3.8**g

醣類 **2.4**g

芹菜火腿的檸檬醋漬

材料2人份

芹菜 … 2小根
　（150g）
芹菜葉 … 10g
火腿 … 2片
檸檬（日本產）
　… 1/4個

A ┌ 橄欖油
 │ 　… 1又1/2大匙
 │ 鹽 … 1/4小匙
 └ 胡椒 … 少許

製作方法

❶ 芹菜斜向切成薄片，葉片粗略分切。火腿切成扇形，檸檬也切成薄薄的扇形。

❷ 缽盆中放入 A、①粗略混拌，靜置5分鐘使其入味。

起司蘿蔔嬰鮭魚卷

材料2人份

煙燻鮭魚 … 8片（80g）
奶油起司 … 30g
蘿蔔嬰 … 1盒（實重40g）
橄欖油 … 適量

製作方法

每片煙燻鮭魚片攤開，包捲奶油起司、1/8用量的蘿蔔嬰，捲起來。其餘也同樣方法進行，盛盤，澆淋上橄欖油。

醣類 **2.1**g

白花椰雞蛋沙拉

材料2人份

白花椰 … 1/3顆（100g）
水煮蛋 … 2個
鹽 … 少許
A ┌ 美乃滋 … 2大匙
 ├ 檸檬原汁 … 1小匙
 └ 鹽、胡椒 … 各少許
平葉巴西利碎 … 適量

製作方法

❶ 白花椰分成小株。在鍋中煮沸熱水，放入鹽、白花椰，燙煮約3分30秒，用網篩撈起瀝乾水分。水煮蛋粗略分成4等分。

❷ 在缽盆中放入A、①混拌，盛盤，撒上平葉巴西利。

醣類 1.8g

清高湯拌炒杏鮑菇和甜椒

材料2人份

杏鮑菇 … 2根（100g）
甜椒（黃）
 … 1/2個（實重50g）
橄欖油 … 1/2大匙
A ┌ 白酒 … 1小匙
 ├ 西式高湯粉
 │   … 1/2小匙
 └ 鹽 … 1小撮

製作方法

❶ 杏鮑菇長度對切，縱向再撕成4片。甜椒橫向對切，再縱切成1.5cm寬。

❷ 平底鍋中放入橄欖油以中火加熱，放入①稍微煎香之後拌炒。待食材軟化，加入A迅速地拌炒。

醣類 3.2g

醣類 1.6g

柚香漬菠菜

材料2人份

菠菜 … 1把（200g）
柚子皮切絲 … 1/4個
鹽 … 少許
A ┌ 高湯 … 6大匙
 ├ 柚子原汁 … 1/2大匙
 ├ 醬油 … 1小匙
 └ 鹽 … 1小撮

製作方法

❶ 在鍋中煮沸熱水，放入鹽、由根部放入菠菜，粗略汆燙，浸過冰水冷卻，瀝乾水分，切成5cm長段。

❷ 在方型淺盤中放入A、菠菜、柚子皮絲，使其入味。

材料2人份

小黃瓜 … 1根
 （100g）
海帶芽莖（已調味）
 … 2盒（100g）
鹽 … 少許
紅紫蘇粉 … 少許

製作方法

❶ 小黃瓜切成小圓片，撒上鹽粗略混拌。靜置5分鐘後，揉搓並擰乾水分。

❷ 在缽盆中放入小黃瓜、海帶芽莖混拌，盛盤，撒上紅紫蘇粉。

涼拌紅紫蘇小黃瓜海帶芽莖

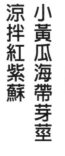

醣類 1.3g

昆布炒青椒鮪魚

材料2人份

青椒 … 小型5個
　（150g）
鮪魚罐頭 … 1罐
　（70g）
鹽昆布
　… 略多於1大匙（8g）
芝麻油 … 1大匙
鹽 … 少許

製作方法

❶ 青椒縱向對切，橫向切成
　5mm寬。鮪魚瀝乾湯汁。

❷ 在耐熱容器層疊中放入
　①、鹽昆布，澆淋芝麻
　油，撒上食鹽。鬆鬆地覆
　蓋保鮮膜，用微波爐加熱
　2分30秒，混拌即可。

醣類 **2.8**g

塔塔醬燒鱈寶

材料2人份

鱈寶 … 1/2片（50g）
水煮蛋 … 1個
　┌ 美乃滋 … 1大匙
A │ 鹽 … 1小撮
　└ 胡椒 … 少許

製作方法

❶ 水煮蛋切成粗粒，加入A混拌。

❷ 鱈寶切成一半。

❸ 將②排放在舖有烤盤紙的烤盤
　上，將①均等地放在表面。放
　入預熱的烤箱中烘烤7～8分
　鐘，略呈烤色。

醣類 **3.4**g

雞胸肉與小松菜拌柚子胡椒

材料2人份

雞胸肉 … 2片（100g）
小松菜 … 1把（200g）
鹽 … 少許
　┌ 芝麻油 … 1大匙
A │ 柚子胡椒 … 1/2小匙
　└ 鹽 … 少許

製作方法

❶ 除去雞胸肉中的筋膜。在鍋中煮沸熱水，
　放入鹽以及由根部先放入的小松菜，迅速
　汆燙。浸過冰水後使其冷卻，擰乾水分後
　切成5cm長。將雞胸肉放入同樣的熱水
　中，轉以略小的中火，燙煮約3分鐘。用
　網篩撈起放涼，撕成容易食用的大小。

❷ 在缽盆中放入A、①混拌。

醣類 **0.5**g

大豆與小黃瓜的味噌美乃滋沙拉

材料2人份

水煮大豆罐頭 … 1罐
　（120g）
小黃瓜 … 1條（100g）
　┌ 美乃滋 … 1又1/2大匙
A │ 味噌 … 1/2小匙
　│ 膏狀芥末 … 1/4小匙
　└ 鹽 … 1小撮

製作方法

❶ 小黃瓜切成1cm塊狀。

❷ 在缽盆中放入A、小黃瓜、
　水煮大豆罐頭，混拌。

醣類 **3.0**g

豆芽菜和香腸拌炒番茄醬咖哩

醣類 **4.8**g

材料2人份

豆芽菜 … 1袋（200g）
維也納香腸 … 2條（30g）
橄欖油 … 1/2大匙
A ┌ 番茄醬 … 1大匙
 │ 咖哩粉、鹽 … 各1小撮
 └ 胡椒 … 少許
檸檬 … 1/8個

製作方法

❶ 維也納香腸縱切成4等分。

❷ 在平底鍋中放入橄欖油，以略大的中火加熱，放入維也納香腸、豆芽菜拌炒。待食材軟化後加入A，迅速拌炒。盛盤，搭配切成個人喜好大小的檸檬。

醣類 **5.6**g

浸煮水菜竹輪

材料2人份

水菜 … 1把（200g）
竹輪 … 1條（50g）
鹽 … 少許
A ┌ 高湯 … 3大匙
 │ 醬油 … 1/2小匙
 └ 砂糖、鹽 … 各1小撮

製作方法

❶ 在鍋中煮沸熱水，放入鹽以及由根部放入的水菜，迅速汆燙。浸過冰水冷卻，擰乾水分，切成2cm寬。竹輪切成3分等長，再縱向劃開切成薄片。

❷ 在缽盆中放入A、①混拌。

大豆煮羊栖菜

材料2人份

羊栖菜芽 … 2大匙
水煮大豆罐頭 … 1罐（120g）
芝麻油 … 1小匙
A ┌ 高湯 … 3/4杯
 │ 醬油、味醂 … 各1/2大匙

製作方法

❶ 羊栖菜浸泡於水中15分鐘還原，瀝乾水分。

❷ 在鍋中放入芝麻油以中火加熱，放入羊栖菜、水煮大豆拌炒。待全體食材沾裹油脂後，加入A，蓋上落蓋，以略小的中火煮約10分鐘。

醣類 **6.4**g

鰻魚蒸綠花椰

材料2人份

綠花椰 … 小型1/2顆（100g）
鰻魚 … 2片
鹽、粗粒黑胡椒 … 各少許
橄欖油 … 適量

製作方法

❶ 綠花椰分切小株，大株再縱向對切，菜芯去皮切成6～7mm寬的圓片。

❷ 在平底鍋中放入綠花椰，撒上鹽，澆淋上1/3杯的水，蓋上鍋蓋。用中火加熱燜蒸約4分鐘，加入鰻魚，邊揮發多餘的水分，邊大略地混拌。盛盤撒上黑胡椒，澆淋上橄欖油。

醣類 **0.4**g

希臘風味小黃瓜拌橄欖油

材料2人份

小黃瓜 … 2根（200g）
黑橄欖 … 6個
鹽 … 1/4小匙

A
┌ 原味優格 … 4大匙
│ 蒜泥、胡椒 … 各少許
│ 橄欖油 … 1大匙
└ 鹽 … 1/4小匙

製作方法

❶ 小黃瓜用刮皮刀刮除表皮
使其成為條紋狀，再切成
1.5cm寬。撒鹽揉搓後，
靜置10分鐘，瀝乾水分。

❷ 在缽盆中放入A、小黃瓜、
橄欖混拌。

醣類 **3.9**g

拌炒蒟蒻絲培根

材料2人份

蒟蒻絲 … 1袋（200g）
培根（片狀）… 2片
（35g）
奶油 … 15g

A
┌ 醬油、味醂
│ … 各1大匙
└ 鹽 … 1/4小匙

製作方法

❶ 蒟蒻絲切成方便食用的長度。培
根切成1cm寬。

❷ 在平底鍋中放入蒟蒻絲，以中火
加熱，煎至水分揮發。加入奶
油、培根迅速拌炒，加入A拌炒
至湯汁收乾為止。

醣類 **5.0**g

薑味醬油佐烤甜椒

材料2人份

甜椒（紅）… 1個
薑泥 … 1小塊
醬油 … 1/2小匙

製作方法

❶ 甜椒放置於網架上，以中火加熱，邊轉動
甜椒邊將其烘烤至表皮產生焦黑、皺摺
（也可以將甜椒串在金屬串上烘烤）。放入
缽盆中，覆蓋保鮮膜地再燜蒸5分鐘。

❷ 剝除甜椒的表皮，縱向地撕成6等分。盛
盤，放上薑泥、澆淋上醬油。

醣類 **3.3**g

中式風味汆燙萵苣

材料2人份

萵苣 … 大型1/2個（200g）
炒過的白芝麻 … 1/4小匙
沙拉油 … 少許

A
┌ 芝麻油 … 2小匙
│ 醬油、蠔油 … 各1小匙
└ 鹽 … 少許

製作方法

❶ 萵苣撕成略大的塊
狀。在鍋中煮沸熱
水，放入沙拉油、萵
苣，迅速汆燙，用網
篩撈起瀝乾水分。

❷ 將萵苣盛盤，撒上白
芝麻，澆淋上A。

醣類 **2.8**g

豆腐團清煮豆苗

材料2人份

雁擬豆腐團
　…小型4個（100g）
豆苗 … 1袋
　（實重100g）

A ┌ 高湯 … 1又1/2杯
　├ 味醂 … 1大匙
　└ 鹽 … 1/3小匙

製作方法

❶ 雁擬豆腐團放置於網篩上澆淋熱水，瀝乾水分。豆苗切除根部，再切成對半的長度。

❷ 在鍋中放入A，以中火加熱，煮至沸騰後，加入①，不時上下翻動煮約5分鐘。熄火，靜置15分鐘使其入味，再次以中火加熱至溫熱。

醣類 **4.8**g

香菜酪梨

材料2人份

酪梨 … 1個
香菜 … 1/2盒（20g）

A ┌ 沙拉油 … 1大匙
　├ 魚露 … 1/2大匙
　└ 檸檬原汁 … 1/2小匙

製作方法

❶ 酪梨縱向對切去皮去核，切成半月形的薄片。香菜切成2cm寬。

❷ 將酪梨片攤放在盤中，放上香菜，澆淋上A。

醣類 **1.2**g

小松菜奶油炒玉米

醣類 **4.8**g

材料2人份

小松菜 … 1把（200g）
玉米粒罐頭 … 1/4罐
　（實重60g）
奶油 … 15g
鹽 … 1小撮
醬油 … 少許

製作方法

❶ 小松菜切成2cm寬。瀝乾玉米的湯汁。

❷ 在平底鍋中放入奶油以中火加熱，拌炒小松菜。待食材軟化後放入玉米，撒上鹽、胡椒，迅速混合拌炒。

納豆寒天條

材料2人份

納豆 … 1盒（50g）
寒天條 … 100g

A ┌ 酸橙醋醬油
　│ … 1大匙
　└ 鹽 … 少許
膏狀芥末 … 1/4小匙
海苔粉 … 適量

製作方法

❶ 在缽盆中放入納豆、寒天條、A，混合拌匀。

❷ 將①盛盤，放上膏狀芥末，撒上海苔粉。

醣類 **2.3**g

山椒炒小魚糯米椒

材料2人份

糯米椒 … 12根
　（50g）
小銀魚乾 … 2大匙
佃煮山椒粒 … 1小匙
沙拉油 … 1/2大匙
A [醬油、味醂
　　… 各1/2小匙

製作方法

❶ 先用刀尖在糯米椒上劃入切口。

❷ 在平底鍋中放入沙拉油以加熱，放入糯米椒、小銀魚乾拌炒。至呈現金黃焦香時，加入山椒粒、A，再迅速拌炒。

醣類 **2.6**g

豆芽菜與海帶芽涼拌滑菇

醣類 **4.0**g

材料2人份

豆芽菜 … 1袋
　（200g）
切好的海帶芽（乾燥）
　… 1大匙（2g）
滑菇（市售品）
　… 2大匙（35g）
醬油 … 1小匙

製作方法

❶ 海帶芽浸泡水中約5分鐘使其還原，擰乾水分。將豆芽菜放入耐熱盤中，鬆鬆地覆蓋保鮮膜。以微波爐加熱約2分鐘，置於網篩瀝除水分。

❷ 在缽盆中放入①、滑菇、醬油，混拌。

串烤櫛瓜

材料2人份

櫛瓜 … 小型1條
　（100g）
生火腿 … 8片
橄欖油 … 1/2大匙
鹽 … 1小撮
起司粉 … 1小匙

製作方法

❶ 櫛瓜長度分切成3等分，再縱向分切成4等分。

❷ 依序在竹籤上交替地串上櫛瓜、生火腿。

❸ 在平底鍋中放入橄欖油以中火加熱，兩面煎約3分鐘，盛盤撒上鹽和起司粉。

醣類 **1.7**g

蒜香醬油炒蕪菁

材料2人份

蕪菁 … 2個（200g）
蕪菁葉 … 30g
奶油 … 15g
A [蒜泥 … 1/4瓣
　　醬油 … 2小匙

製作方法

❶ 蕪菁切成8等分的月牙形，葉片切成3cm長段。

❷ 在平底鍋中放入奶油以中火加熱，放入蕪菁拌炒約3分鐘。待蕪菁變得透明後，加入蕪菁葉迅速拌炒，加入A混合。

醣類 **3.8**g

配菜・沙拉

製作常備的醬汁

因為在意自己的身體與健康,所以選購市售低卡醬汁的人很多吧?
但是,出乎意料地,市售醬汁的醣類含量卻很高!
在此介紹僅需混拌就能完成的低醣類醬汁,請大家務必加以活用。

中式芝麻醬油醬汁

材料
約4人份
醬油、芝麻油…各3大匙
醋…1又1/2大匙
研磨的白芝麻…1/2大匙
砂糖…1/2小匙

醣類 **1.6**g

洋蔥法式醬汁

材料
約4人份
洋蔥泥…2小匙
橄欖油…3大匙
白酒醋…1又1/2大匙
鹽…1/2小匙
胡椒…少許

醣類 **0.2**g

美味鹽胡椒醬汁

材料
約4人份
蒜泥…1/5瓣
芝麻油…4大匙
醋…1大匙
鹽…2/3小匙
粗粒胡椒…1/2小匙

醣類 **0.3**g

和風薑味醬油醬汁

材料
約4人份
薑泥…1小塊
醬油、沙拉油…各3大匙
醋…1又1/2大匙

醣類 **1.6**g

凱撒沙拉醬

材料
約4人份
蒜泥…1/5瓣
美乃滋…4大匙
牛奶…1大匙
檸檬原汁…1小匙
伍斯特醬…少許
鹽、粗粒胡椒…各少許

醣類 **1.3**g

魚露異國風味醬汁

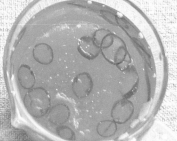

材料
約4人份
蒜泥…1/5瓣
紅辣椒小圓片…1/2根
沙拉油…3大匙
檸檬原汁…1又1/2大匙
魚露…1大匙
砂糖…1/2大匙

醣類 **1.7**g

製作方法
混合上述的食譜配方材料。
• 冷藏室內可保存7天。

很像醋漬的沙拉，只要混合食材就有無限寬廣的變化。
再搭配上與食材對味的自選醬汁，
更有加乘效果，所有的食材都能依自己的喜好挑選喔。

※ 醬汁的部分可以自由替換， 以下醣類含量不包含醬汁。

萵苣火腿的含羞草沙拉（Mimosa）

材料 2 人份

萵苣 … 4 ～ 5 片（100g）
火腿 … 2 片（30g）
水煮蛋 … 2 個
凱撒沙拉醬
（請參照 P93）… 1/2 用量

【醣類】 **1.5**g

製作方法

❶ 萵苣撕成一口大小，火腿切成 8 等分的扇形。水煮蛋分開蛋黃和蛋白，各別切碎。

❷ 將①盛盤，澆淋上沙拉醬。

煮蔬菜與豆類的沙拉

材料 2 人份

綠花椰 … 1/3 顆（80g）
綠蘆筍 … 2 根（40g）
水煮大豆罐頭 … 1 罐（120g）
鹽 … 少許
魚露異國風味醬汁
（請參照 P93）… 1/2 用量

【醣類】 **1.9**g

製作方法

❶ 綠花椰分成小株，大株則對半分切。蘆筍用刮皮刀刮削根部堅硬的部分，再分切成 4 等分長。

❷ 在鍋中煮沸熱水，依序放入鹽、綠花椰、蘆筍，燙煮時間綠花椰約 2 分鐘 30 秒、蘆筍約 1 分 30 秒，就能用網篩撈起瀝乾水分。

❸ 將②與水煮大豆混拌後盛盤，澆淋上醬汁。

【醣類】 **3.1**g

蘿蔔與小黃瓜的緞帶沙拉

材料 2 人份

蘿蔔 … 150g
小黃瓜 … 1 根（100g）
蘿蔔嬰 … 1/4 盒（實重 10g）
和風薑味醬油醬汁
（請參照 P93）… 1/2 用量

製作方法

❶ 蘿蔔、小黃瓜用刮皮刀刮削成 7 ～ 8cm 長的緞帶狀薄片。

❷ 將①和蘿蔔嬰盛盤，澆淋上醬汁。

材料 2 人份

紫高麗菜 … 2 ～ 3 片（100g）
散葉萵苣 … 2 ～ 3 片（40g）
蒔蘿 … 1/2 盒（6g）
洋蔥法式醬汁（請參照 P93）
… 1/2 用量

製作方法

❶ 紫高麗菜切絲，散葉萵苣撕成一口大小。摘下蒔蘿嫩葉。

❷ 將①粗略混拌後盛盤，澆淋上醬汁。

【醣類】 **2.3**g

紫高麗菜的香草沙拉

白菜和西洋菜的堅果沙拉

醣類 **1.9**g

材料2人份

白菜 … 2～3片（120g）
西洋菜 … 1/2把（20g）
核桃（烘烤過）… 30g
洋蔥法式醬汁（請參照
P93）… 1/2用量

製作方法

❶ 白菜葉片切成一口大
小，葉脈則切絲。西洋
菜摘下葉片，核桃也分
成食方便食用的大小。

❷ 將①粗略混拌後盛盤，
澆淋上醬汁。

醣類 **1.3**g

水菜與碎羊栖菜的沙拉

材料2人份

羊栖菜芽 … 2大匙
（6g）
水菜 … 1/3把（70g）
茗荷 … 2個
鮪魚罐頭 … 1罐
（70g）
和風薑味醬油醬汁
（請參照P93）
… 1/2用量

製作方法

❶ 羊栖菜浸泡於水中約10分鐘還原。
在鍋中煮沸熱水，放入羊栖菜芽汆
燙，以網篩撈起放涼。水菜切成
2cm寬，茗荷對半分切，再橫向切
成薄片。鮪魚瀝乾湯汁。

❷ 將①粗略拌後盛盤，澆淋上醬汁。

煙燻鮭魚的葉菜沙拉

醣類 **1.1**g

材料2人份

煙燻鮭魚 … 8片（80g）
紫洋蔥 … 1/8個（20g）
生菜嫩葉 … 1盒（60g）
黑橄欖 … 6個
洋蔥法式醬汁
（請參照P93）… 1/2用量

製作方法

❶ 煙燻鮭魚對半分切。紫洋蔥
沿著纖維切成薄片。

❷ 生菜嫩葉、①、橄欖粗略混
拌後盛盤，澆淋上醬汁。

醣類 **3.5**g

烤蔬菜的溫沙拉

材料2人份

櫛瓜 … 1小根
（100g）
玉米筍 … 5根（50g）
甜椒 … 1/2個
（實重50g）
橄欖油 … 1/2大匙
凱撒沙拉醬
（請參照P93）
… 1/2用量

製作方法

❶ 櫛瓜切成1cm寬的圓片，玉
米筍半分切成長段。甜椒切成
一口大小。

❷ 在平底鍋中放入橄欖油以中火
加熱，放入①。翻面地煎至金
黃焦香約3分鐘，盛盤，澆淋
上醬汁。

Joy Cooking

立即享瘦，減醣瘦身家常菜200道

作者 市瀨悅子

翻譯 胡家齊

出版者／出版菊文化事業有限公司 P.C. Publishing Co.

發行人 趙天德

總編輯 車東蔚

文案編輯 編輯部

美術編輯 R.C. Work Shop

台北市雨聲街77號1樓

TEL：（02）2838-7996　　FAX：（02）2836-0028

法律顧問 劉陽明律師 名陽法律事務所

初版日期 2019年8月

定價 新台幣350元

ISBN-13：9789866210686　　書　號 J136

讀者專線 （02）2836-0069
www.ecook.com.tw
E-mail service@ecook.com.tw
劃撥帳號 19260956 大境文化事業有限公司

SUGUYASE OKAZU TOUSITSU OFF 200
© ETSUKO ICHISE 2018
Originally published in Japan in 2018 by SHUFU TO SEIKATSU SHA CO., LTD., TOKYO.
Chinese translation rights arranged through TOHAN CORPORATION, TOKYO.

立即享瘦，減醣瘦身家常菜200道
市瀨悅子 著
初版. 臺北市：出版菊文化
2019 96面；19×26公分
（Joy Cooking系列；136）
ISBN-13：9789866210686
1.食譜 2.減重
427.1　　108010153

設計　高橋朱里、菅谷真理子（マルサンカク）
攝影　澤木央子
取材‧造型　中田裕子
食譜營養計算　株式会社エビータ
監修　浅野まみこ
烹飪助理　是永彩江香、織田真理子
校閱　滄流社
糕點製作助手　高橋玲子　小山ひとみ
編輯　上野まどか
攝影協力　UTUWA